Pratique de l'Analyse fonctionnelle

Pratique de l'Analyse fonctionnelle

Robert TASSINARI

Préface de Henri Martre

3e édition

DUNOD

Ingénieur ayant exercé dans différents secteurs industriels où il a été responsable de bureaux d'étude et de méthodes, **Robert Tassinari** a été notamment chargé de la maîtrise des coûts industriels à la société Aérospatiale.

Actuellement consultant, il intervient dans de grandes ou petites entreprises dans le domaine de la conception et du développement de produits, la formation et la conduite d'études. Il enseigne dans divers organismes, grandes écoles, universités et est fréquemment sollicité en France et à l'étranger pour donner des conférences.

Membre fondateur de l'Association française pour l'analyse de la valeur (AFAV), il en a également été le président.

La SAVE (*Society of American Value Engineers*), dont il est membre, lui a décerné le *Value Engineering Merit*. Il est également certifié *Design-To-Cost* de l'université George Washington.

Ses travaux novateurs dans le domaine des méthodes d'amélioration de la compétitivité sont exposés dans les ouvrages dont il est l'auteur.

ISBN 2 10 005338 8

PRÉFACE

« *A thing of beauty is a joy for ever* » : ainsi s'exprimait John Keats dans un poème célèbre. Dans son magistral ouvrage, Robert Tassinari partage ce point de vue, mais si l'objet doit être utilitaire, il nous met en garde : sa beauté ne suffit pas, « son aspect fonctionnel prend alors une importance vitale ». À l'aide d'exemples pratiques et évocateurs, il nous montre la différence entre le produit, ou le service, parfaitement adapté à son usage, qui satisfait pleinement ceux pour lesquels il a été conçu, et celui qui souffre de défauts originels et provoquera toujours le mécontentement.

Chacun d'entre nous a de multiples expériences à citer de réussites, d'échecs, de vices rédhibitoires. Et pourtant, n'est-ce pas la fonction primordiale de l'entreprise que de créer des produits ou des services, bien adaptés à la clientèle, et dont le succès commercial récompensera, par une généreuse rétribution, l'investissement et les efforts consentis. Il n'est que trop vrai que de nombreux responsables industriels, absorbés par la complexité du management moderne, ont tendance à oublier que derrière des concepts abstraits comme la « conquête de parts de marché » il y a des réalités incontournables, des produits qui doivent séduire des clients parce qu'ils correspondent à leurs besoins.

Mais « la critique est aisée, et l'art est difficile ». Satisfaire les besoins de l'utilisateur n'a rien d'évident. D'abord parce qu'il est multiple et que ses aspirations sont variées, ensuite parce que le client est souvent un client futur qui n'appréciera l'objet que plusieurs années après sa conception, alors que les choses auront changé, et enfin parce qu'il faut aller au-delà des simples nécessités en apportant des novations qui flatteront l'usager. Encore faut-il savoir distinguer entre la fonction « gadget » inutile, dont l'apport est négatif, et l'idée géniale qui apportera un plus déterminant. Comme toujours, le compromis est délicat à trouver et l'évolution des familles de produits montre que les tâtonnements sont nombreux. Mais il n'en reste pas moins qu'il y a là un impératif catégorique, car on estime généralement que la réussite du projet dépend à 75 % de sa conception.

Dans cette recherche difficile du bon équilibre, Robert Tassinari guide nos pas, en nous montrant d'abord que l'intuition ne suffit pas ; elle ne permettrait de trouver que 50 à 60 % des fonctions à remplir, ce qui est bien peu et ne peut conduire qu'à de cuisants déboires. Il faut être sérieux : la conception des produits ou des services est une des fonctions majeures de l'entreprise et rien ne doit être laissé au hasard. Comme toutes les autres fonctions, et plus encore sans doute, la création doit suivre une méthodologie rigoureuse, celle de l'analyse fonctionnelle.

Dans la recherche de la qualité totale, qui est un élément essentiel de la compétitivité de l'entreprise, la qualité de la conception doit être spécialement privilégiée et l'on doit y appliquer les meilleurs talents et les meilleurs outils, ceux qui ont la sanction de l'expérience et que l'auteur nous expose. Il insiste tout particulièrement sur la nécessité d'apporter des réponses exhaustives aux multiples questions qui se posent au début du développement d'un projet pour définir sa fonctionnalité.

Recourir aux méthodes performantes et novatrices qui sont décrites dans cet ouvrage demande une discipline collective, de la modestie intellectuelle et un effort de formation, et comme toujours lorsqu'on cherche à progresser, une remise en cause des habitudes et des attitudes. La démonstration est d'autant plus convaincante que, s'appuyant sur un talent pédagogique incontestable, elle est illustrée de nombreux exemples.

On ne peut que souhaiter que Robert Tassinari soit entendu, compris et suivi, car nous avons à faire face au défi de la globalisation industrielle et commerciale, et l'on ne doit pas oublier que l'une des raisons du succès des Japonais vient précisément de leur maîtrise de la conception des produits.

Henri MARTRE
Président de l'AFNOR

AVANT-PROPOS

Les chefs d'entreprises soucieux de s'adapter rapidement aux évolutions des marchés, dans le contexte national et international difficile, sont très attentifs aux progrès en tous genres qui vont dans le sens de l'amélioration de leur compétitivité.

Parmi ces évolutions figurent les méthodes de gestion et particulièrement la gestion des programmes de développement des produits, notamment pendant la phase d'étude. C'est la raison pour laquelle l'étude d'un nouveau produit se fait plus fréquemment à partir d'une analyse fonctionnelle. Le besoin est ainsi mieux défini et les solutions qui résultent de la phase d'étude sont parfaitement adaptées au besoin.

La qualité en conception est la meilleure garantie pour obtenir, *in fine*, un bon produit. Il est généralement admis que la conception détermine environ 75 % de la qualité et des coûts par les choix qui sont faits par les concepteurs. Les industriels en sont de plus en plus conscients et les méthodes de conception qu'ils choisissent évoluent progressivement dans le sens d'une plus grande efficacité.

Par ailleurs, la maîtrise de la qualité nécessite la réalisation d'études de sûreté de fonctionnement qui ne peuvent se faire qu'après avoir fait l'analyse fonctionnelle du produit.

L'analyse fonctionnelle devient ainsi une phase incontournable dans le processus de développement d'un produit.

À chaque fois que se manifeste un nouveau courant, les événements évoluent avec une certaine complémentarité ; c'est ainsi que la normalisation n'est pas en dehors de cette mouvance et que certaines normes concernent directement ou indirectement l'analyse fonctionnelle.

- Normes françaises :

— NFX 50-100 : L'analyse fonctionnelle, caractéristiques fondamentales (1996).

— NFX 50-151 : Expression fonctionnelle du besoin et cahier des charges fonctionnel (1996).

— NFX 50-152 : Cahier des charges fonctionnel (1990).

— NFX 50-153 : Analyse de la valeur, recommandations pour sa mise en œuvre (1985).

— NFX 50-156 : Conception à coût objectif ou objectif désigné (2002).

- Normes européennes :

— NF EN 1325-1 : Vocabulaire du management par la valeur (1996).

— NF EN 12973 : Management par la valeur (2000).

— Directive 93/38 CEE du conseil, portant sur la coordination des *procédures de passation des marchés dans les secteurs de l'eau, de l'énergie, des transports et des télécommunications.* Concernant les spécifications techniques incluse dans l'appel d'offres, la directive interdit de faire état de marques de matériels, de noms de fournisseurs et demande que les spécifications indiquent des exigences de performances plutôt que des caractéristiques conceptuelles ou descriptives.
Le cahier des charges fonctionnel est ainsi officialisé.

La nouvelle édition de ce présent ouvrage tient compte de toutes ces évolutions et sa nouvelle présentation devrait faciliter encore plus la compréhension du sujet.

Table des matières

INTRODUCTION

La qualité des produits est à l'ordre du jour. Depuis quelques années les industriels et les pouvoirs publics s'accordent à dire que la qualité, associée à la recherche du meilleur coût, représente la démarche idéale pour garantir la compétitivité des entreprises.

Les produits sont devenus des objets complexes possédant un ensemble de caractéristiques rendant des services différents ; cette constatation conduit à considérer la qualité comme un concept multidimensionnel.

Lorsque l'on évoque la qualité, celle-ci se matérialise pour beaucoup, notamment aux yeux de l'acheteur et des utilisateurs, par de vieilles notions bien ancrées dans les esprits comme l'emploi de bons matériaux, voire de matériaux précieux, associés à un beau design et surtout à une belle finition. C'est ce que j'appelle la qualité « apparente ».

Est-ce suffisant pour bien vendre un produit ?

Dans l'industrie de luxe probablement, surtout si le produit est griffé, mais lorsque le produit est utilitaire, l'aspect fonctionnel prend alors une importance vitale.

Le service rendu est tributaire de la qualité fonctionnelle du produit, c'est-à-dire de son aptitude à satisfaire les fonctions attendues par l'utilisateur.

Avant de procéder à l'acte d'achat, le premier contact qu'on a avec le produit « objet » est visuel, d'où l'importance de l'esthétique. Le deuxième contact associe le toucher à la vue et dans certains cas l'odorat joue aussi son rôle.

Que résulte-t-il de ces premiers contacts ?

Si le produit est réalisé avec des matériaux de bas de gamme, une finition douteuse, un design déplaisant : il est probable que cette non-qualité « apparente » freinera la décision d'achat. Mais dans le cas contraire, lorsque le produit ne présente pas cette non-qualité apparente il existe néanmoins un risque, c'est que malgré son côté « séduction », le produit ne remplisse pas tout à fait son contrat vis-à-vis de l'utilisateur.

La non-qualité la plus pernicieuse, celle qui n'apparaît pas au premier contact, c'est la non-qualité « fonctionnelle ». Elle se découvre après l'achat au moment de la mise en service, lorsque nous nous apercevons avec regret que le produit ne répond pas complètement à notre attente à cause d'une mauvaise qualité de « conception » malgré une bonne qualité de réalisation visible.

Dans tous les cas on peut se poser la question suivante : les fonctions non satisfaites ont-elles été identifiées ou ne sont-elles pas satisfaites à cause d'un manque de solutions adaptées au problème posé ?

Les statistiques prouvent que la mauvaise qualité de conception est généralement due à un manque d'analyse fonctionnelle. En d'autres termes, les fonctions non satisfaites n'ont pas été identifiées. Quelques exemples aideront à mieux comprendre ce phénomène.

> ***Le stylo feutre de belle apparence,*** fabriqué dans une matière plastique au brillant irréprochable, dont le diamètre évoque une bonne contenance, l'agrafe de couleur bleue laissant supposer que l'encre est de même teinte. Son aspect incite à l'achat. Hélas ! À la première utilisation, la surprise cède rapidement place à la déception. Que l'on en juge :
>
> — l'encre est noire, contrairement à ce que laissait supposer le bleu de l'agrafe,
>
> — après quelques minutes d'utilisation, l'index et le médium sont douloureux : blessés par l'angle vif au changement de diamètre entre le corps et la pointe, exactement à l'endroit où les doigts serrent le stylo.

Vous pensez certainement que c'est un cas isolé, que tous les produits ne sont pas mal conçus ; vous avez en partie raison. Voyons d'autres exemples.

> ***La remorque à bateau*** qu'il faut, dans la majorité des cas, pour que la coque du bateau puisse flotter, immerger jusqu'au dessus des moyeux alors qu'elle ne possède pas de moyeux étanches. L'eau de mer s'infiltre immédiatement dans la graisse du moyeu. L'été suivant la remorque et le bateau suivent sagement la voiture sur l'autoroute jusqu'au moment où un moyeu « grippe » en bloquant la roue, ce qui fait

aussitôt éclater le pneu. La remorque se couche sur le côté, le bateau se retrouve sur l'asphalte et dans le pire des cas le chavirage de la remorque peut entraîner la voiture dans le fossé.

Fonction principale : transporter un bateau sur la route, *satisfaite.*
Fonction complémentaire : permettre la mise à l'eau du bateau, *non satisfaite.*

Exagération ? Pas du tout. J'ai été personnellement victime d'un accident de ce genre.

Le séchoir à cheveux, très agréable d'aspect, réalisé en matière plastique de très bonne qualité, qui sèche bien les cheveux mais dont les formes coniques du corps et du manche ne maintiennent pas le fil enroulé autour d'eux.

Fonction principale : sécher les cheveux, *satisfaite.*
Fonction complémentaire : stocker le fil après usage, *non satisfaite.*

Il serait fastidieux de décrire un grand nombre de produits mal conçus et pourtant ces exemples ont le mérite d'illustrer une théorie, ils sont nombreux.

Le support de feuilles de papier d'une salle de réunion dont les pieds suivent l'inclinaison du support et font trébucher le conférencier qui se déplace autour.

Fonction principale : supporter les feuilles de papier, *satisfaite.*
Fonction complémentaire : ne pas entraver la circulation, non satisfaite.

Le rasoir jetable, d'une jolie couleur jaune et brillante, dont le manche poli glisse entre les doigts mouillés et savonneux.

Fonction principale : couper les poils, *satisfaite.*
Fonction complémentaire : ne pas glisser des mains à l'usage, *non satisfaite.*

La notice du magnétoscope, qui indique l'ordre des opérations nécessaires au fonctionnement mais qui laisse dans l'ombre les possibilités fonctionnelles du produit, qui apparaissent seulement après plusieurs mois d'utilisation.

Fonction principale : former à l'utilisation du produit, *satisfaite.*
Fonction complémentaire : informer sur les possibilités fonctionnelles du produit, *non satisfaite.*

La jauge à huile de l'embase d'hélice d'un moteur in-board, terminée à sa partie supérieure par un bouchon fileté dont l'étanchéité est réalisée par un joint torique en applique sur un siège à la fin du vissage. Si le bouchon est mal serré d'un quart de tour, l'eau pénètre dans l'embase et se mélange à l'huile, avec des conséquences dramatiques pour la mécanique de l'embase.

Fonction principale : indiquer le niveau d'huile, *satisfaite.*
Fonction complémentaire : garantir l'étanchéité, *non satisfaite.*

La bouteille de bière au bouchon prétendu dévissable qui laisse les doigts en feu.

Fonction principale : boucher hermétiquement le récipient, *satisfaite.*
Fonction complémentaire : faciliter le débouchage, *non satisfaite.*

Le chariot de transport de bagages à main, type hôtesse de l'air, dont le verrouillage des bras télescopiques se fait par un barreau horizontal devant être tiré vers le haut alors que les sandows qui tiennent les bagages ramènent vers le bas et déverrouillent systématiquement le système.

Fonction principale : supporter et permettre le déplacement d'un bagage à main, *satisfaite.*
Fonction complémentaire : garantir le verrouillage des bras télescopiques, *non satisfaite.*

La calculette électronique de poche possédant un rabat de fermeture comme un agenda et dont le rabat en se fermant appuie systématiquement sur la touche *on*, mettant ainsi la machine sous tension permanente.

Fonction principale : réaliser des calculs courants, *satisfaite.*
Fonction complémentaire : empêcher la mise sous tension inopinée, *non satisfaite.*

Les emballages n'échappent pas à ce constat. Un article de Valérie Bruschsie, dans *le Nouvel Économiste* (n° 724), intitulé « Les Emballages qui rendent fou », met en évidence une cinquantaine d'emballages dont manifestement l'analyse fonctionnelle a été défaillante. Qu'on en juge à travers quelques extraits :

— « les emballages qui réduisent les biscottes à l'état de chapelure,
— « les capsules de bière prétendues dévissables qui laissent les doigts en sang à défaut de rafraîchir le gosier,
— « le shampooing qui coule trop vite ou le ketchup qui ne s'écoule jamais,
— « les paquets de gâteaux qui n'offrent aucune prise, ceux qui ne se referment pas et obligent à se goinfrer jusqu'au dernier »,
— etc.

Que ceux qui appartiennent au secteur industriel de l'emballage se rassurent, ils n'ont pas le monopole des produits mal adaptés à l'usage. Les exemples cités précédemment appartiennent à d'autres secteurs industriels. Dans le domaine administratif, lequel d'entre nous ne s'est-il jamais trouvé confronté au problème du pliage spécial d'un imprimé dont le format n'était pas adapté aux dimensions normalisées des enveloppes ? Quel est celui qui n'a pas été confronté à un processus administratif compliqué où manifestement le nombre d'imprimés à remplir trahit le manque d'efficacité du système, etc. ?

Il serait possible de continuer ainsi pendant longtemps. Nous sommes littéralement environnés de produits de toutes natures, objet, bâtiment, machines, outillages, processus techniques, processus administratifs, etc. dont la qualité fonctionnelle est défaillante.

Quelles en sont les raisons ?

En premier lieu, une recherche intuitive des fonctions de la part des concepteurs qui conduit inévitablement à oublier une partie non négligeable de fonctions. L'expérience prouve que la recherche intuitive permet de trouver entre 50 et 60 % des fonctions. Cela revient à dire que 50 à 40 % des fonctions ne sont pas identifiées, donc ne sont pas satisfaites.

Nous verrons dans un prochain chapitre que la recherche intuitive n'est pas une démarche inutile mais que s'en contenter fait courir le risque d'oublier un grand nombre de fonctions complémentaires d'usage ou de service et conduit inéluctablement à concevoir un produit ne répondant pas complètement au besoin.

Tous les exemples que nous avons examinés illustrent ce phénomène. Il existe davantage de produits mal conçus en raison d'une insuffisance d'analyse fonctionnelle que par un manque de réflexion dans la recherche des solutions.

Lorsqu'un produit est mal adapté à l'usage, l'utilisateur ne cherche généralement pas à identifier les raisons précises de son désappointement, il accuse le produit d'une mauvaise qualité générale sans se préoccuper de savoir quelles en sont les causes précises. Parmi celles-ci figurent :

— la non-identification de certaines fonctions,

— les mauvaises appréciations de l'importance des fonctions,

— l'emploi de mauvais matériaux,

— les défauts de réalisation.

Contrairement à ce que l'on pourrait croire, la non-identification de certaines fonctions ainsi que le choix de solutions mal adaptées aux fonctions identifiées sont les causes les plus fréquentes qui conduisent à un produit mal adapté à l'usage, les défauts de réalisation occupent la deuxième place.

Certains pourraient penser que la satisfaction de toutes les fonctions d'un produit provoque des dépenses supplémentaires. C'est vrai dans certains cas mais faux pour la plupart.

Reprenons l'exemple du stylo cité au début de cette introduction.

Adapter la couleur de l'agrafe à celle de l'encre ne provoquerait pas de dépense supplémentaire.

La forme de la partie du corps en contact avec les doigts pourrait être différente, c'est-à-dire plus ergonomique, sans nécessiter de plus-value.

Une conception économique des produits est presque toujours obtenue par l'utilisation de composants multifonctionnels, qui permettent de satisfaire plus de fonctions en restant peu nombreux.

Bien entendu, si le produit existe et doit être modifié pour satisfaire un plus grand nombre de fonctions, il s'ensuit obligatoirement une plus-value, mais dans le cas d'un produit nouveau en cours de conception, la satisfaction de fonctions supplémentaires dépend du type de solution adopté, qui n'est pas forcément plus onéreuse qu'une autre.

Pour satisfaire le besoin il faut le connaître.
Pour le comprendre il faut l'exprimer en termes de fonctions.
Pour identifier les fonctions il faut posséder les méthodes d'analyse.

Ces trois phrases résument l'objet de cet ouvrage qui représente le fruit de réflexions suscitées par des années d'expérience dans différents secteurs industriels et d'observations effectuées au cours d'études de produits en France et à l'étranger.

Il offre également une certaine synthèse des travaux personnels entrepris dans différents groupes de réflexion, notamment de l'Association Française pour l'Analyse de la Valeur (AFAV) et de l'AFNOR.

1. QU'EST-CE QUE L'ANALYSE FONCTIONNELLE ?

Je demandais un jour à un ami médecin : l'analyse fonctionnelle, sais-tu ce que c'est ?

Il me répondit après une courte réflexion :

> « Je pense que cela peut avoir un rapport avec une analyse bactériologique, mais je n'en suis pas sûr, c'est peut-être plus proche des méthodes que je pratique lorsque je reçois de nouveaux patients.
>
> Lors de notre première entrevue, après avoir pris connaissance du motif de leur visite, je leur pose des questions et je leur fais faire quelques tests pour comprendre leur comportement et leur état général.
>
> Cela peut être des tests de la fonction articulaire du genre : tournez la tête le plus possible, ou bien fléchissez votre tronc et essayez d'atteindre le sol avec vos mains, ou encore je vérifie leur tonus au cours d'une simple poignée de mains.
>
> Ces premiers tests me permettent d'appréhender leurs *fonctions externes*.
>
> Les questions que je leur pose portent souvent sur leur état général, par exemple : Avez-vous une bonne digestion ? Avez-vous un bon appétit ? Avez-vous souvent mal à la tête ?
>
> Ce genre de question me permet d'évaluer leurs *fonctions internes* ».

Cette réponse m'a étonné.

Non seulement il avait tout compris sur l'aspect fonctionnel d'un comportement, mais il employait les termes qui sont utilisés dans notre milieu pour désigner les deux grandes catégories de fonctions : *fonctions externes, fonctions internes.*

Je me faisais une joie de lui apprendre quelque chose mais j'ai rapidement changé de sujet de conversation et j'ai compris alors que l'analyse fonctionnelle n'était pas autre chose qu'une méthode d'organisation du bon sens et qu'à ce titre elle n'était pas prête de se démoder.

Mais venons-en au fait.

1. QUELQUES DÉFINITIONS

L'analyse fonctionnelle consiste à rechercher et à caractériser les fonctions offertes par un produit pour satisfaire les besoins de son utilisateur.

Le mot produit est pris au sens large du terme. Il peut s'agir d'un objet, d'un matériel, d'un processus administratif ou technique, d'un service, d'un logiciel, d'un système… voire, d'un patient.

Les besoins peuvent être de plusieurs natures : objectifs ou subjectifs, et les fonctions nécessaires à leur satisfaction peuvent être des fonctions de service ou d'estime ou bien des contraintes imposées par un client, un milieu environnant particulier ou par certains règlements.

Il ne faut pas confondre une fonction avec une solution ; la fonction exprime un résultat à atteindre alors que la solution indique le moyen pour l'atteindre.

Lorsque la démarche fonctionnelle fait partie de la culture d'une entreprise, elle conduit, à tous les niveaux, à raisonner systématiquement en séparant objectifs et moyens.

Elle clarifie les relations entre les clients et les fournisseurs en définissant parfaitement le résultat à obtenir et en délimitant le partage des tâches et des responsabilités de chacun.

Lorsque l'analyse fonctionnelle concerne l'usage d'un produit, c'est-à-dire les fonctions qu'il doit assurer pour satisfaire le besoin du client, le produit peut être considéré comme une *boîte noire* et seules les fonctions qui « sortent » de la boîte vers l'extérieur sont à prendre en considération.

Cette forme d'analyse est intitulée *analyse fonctionnelle externe* ou expression fonctionnelle du besoin. Elle exprime le point de vue du client-utilisateur et met en évidence les *fonctions de service ou d'estime.*

Lorsque l'analyse porte sur le produit lui-même, pour améliorer son comportement, diminuer son coût, améliorer sa fiabilité, etc. il n'est plus considéré comme une *boîte noire,* mais au contraire l'analyse va porter sur l'intérieur de la boîte pour comprendre ses fonctionnalités internes. Le produit sera considéré comme un assemblage de constituants dont chacun remplit certaines fonctions vis-à-vis des autres.

L'analyse est alors intitulée *analyse fonctionnelle interne.* Elle exprime le point de vue du concepteur-réalisateur du produit. Elle met en évidence les *fonctions techniques.*

Si l'étude d'un produit est faite à partir d'un recensement incomplet des fonctions, notamment pour ce qui concerne les fonctions de service, il est évident que l'utilisateur sera insatisfait de l'usage du produit car il ne répondra pas complètement à son attente.

Il faut, par conséquent, donner un caractère exhaustif à l'analyse fonctionnelle et pour ce faire utiliser des outils d'analyse performants, au sein d'un groupe de travail composé pour la circonstance.

Le groupe doit être pluridisciplinaire et les travaux conduits par un animateur compétent.

Le résultat de l'analyse fonctionnelle est présenté sur un document intitulé : Cahier des Charges Fonctionnel (CdCF), où chacune des fonctions est assortie de caractéristiques permettant de comprendre exactement ce qu'elle offre. Le chapitre consacré au CdCF donne toutes les précisions à cet égard.

L'approche fonctionnelle des problèmes permet à un groupe ou à une personne expérimentée de porter un autre regard sur tout ce qui l'entoure.

Une machine-outil n'est plus un assemblage de constituants, mais un assemblage de fonctions. Les différents services au sein d'une entreprise ne sont plus des groupements d'hommes ou de femmes, mais des entités capables de remplir les fonctions nécessaires à la bonne marche de l'entreprise.

L'acheteur-utilisateur d'une automobile se moque complètement du nombre de pièces qui la constitue, 12 500, 8 400 ou bien 13 900, peu lui importe. Il n'achète pas des pièces mais des fonctions. Exemples : assurer la propulsion, permettre le freinage, permettre la marche arrière, etc.

L'approche fonctionnelle des problèmes est un atout considérable dans les relations entre partenaires. Dans l'entreprise ou dans le domaine privé elle permet de ne jamais confondre objectifs et moyens pour les atteindre.

2. L'ANALYSE FONCTIONNELLE EN QUELQUES QUESTIONS EN QUOI CONSISTE L'ANALYSE FONCTIONNELLE ?

L'analyse fonctionnelle a pour but de recenser toutes les fonctions que doit satisfaire un produit pour répondre à un besoin. Elle est surtout utilisée avant la conception ou la reconception d'un produit.

Quels sont les domaines d'application de l'analyse fonctionnelle ?

L'analyse fonctionnelle s'applique chaque fois qu'il est utile de définir ou redéfinir un produit, au sens large du terme, matériel ou immatériel. Exemples :

— *Produit objet* : lampe de bureau, briquet, automobile, machine, etc.

— *Processus administratif* : service d'approvisionnements, processus d'achats, gestion des ressources humaines, etc.

— *Processus technique* : chaîne d'assemblage, atelier de traitements de surface, atelier d'usinage, etc.

— *Système* : système de communication, de sécurité, de conditionnement d'air, etc.

— *Service* : après-vente, maintenance, nettoyage de locaux, etc.

— *Prestation intellectuelle* : normes, logiciel de gestion, scénario, etc.

Quelles sont les professions concernées par l'analyse fonctionnelle ?

Toutes les professions impliquées dans l'analyse d'un marché, l'étude et le développement d'un produit, la production, la qualité, l'après-vente, la maintenance, etc. En résumé, toutes les professions pouvant avoir une action ou un contrôle sur les fonctionnalités d'un produit.

Peut-on faire une analyse fonctionnelle pour un produit très complexe ?

Un produit complexe peut se décomposer en sous-ensembles dont chacun peut être traité comme un produit dont la complexité est abordable. Par exemple, l'architecture d'un fuselage d'avion comporte plusieurs parties : la pointe avant, le fuselage central, la partie arrière. Chaque partie a des fonctions spécifiques à remplir, identifiées par une analyse fonctionnelle spécifique.

Dans le cas d'un produit complexe, faut-il connaître son architecture avant de procéder à l'analyse fonctionnelle ?

Théoriquement il n'est pas utile de connaître l'architecture du produit ; l'analyse fonctionnelle peut déterminer les fonctions principales du produit complet, nécessaires à la satisfaction du besoin. Néanmoins dans certains cas, souvent en raison de contraintes techniques, il est nécessaire de faire un avant-projet pour déterminer la constitution générale d'un produit complexe ou d'un système complexe. Par exemple, un système d'armes peut être décomposé en sous-ensembles correspondant à la technique employée pour chacun. Chaque sous-ensemble peut faire l'objet d'une analyse fonctionnelle en accord avec les fonctions principales du système complet.

Quel est le meilleur moment pour faire une analyse fonctionnelle ?

Le plus tôt possible, après avoir identifié les besoins et défini les objectifs du programme, notamment à l'aide des études de marché. Dans tous les cas, il est indispensable de disposer des résultats de l'analyse fonctionnelle avant de commencer la recherche des solutions.

L'analyse fonctionnelle est-elle nécessaire uniquement pour la conception de produits nouveaux ?

La conception de produits nouveaux représente la majorité des cas d'application de l'analyse fonctionnelle, mais il faut y ajouter : les études de fiabilité, l'analyse des modes de défaillance, de leurs effets et de leur criticité (AMDEC), l'étude comparative de produits existants notamment concurrents, l'amélioration de produits par des études d'analyse de la valeur, la conception pour un coût objectif et les méthodes associées.

Comment l'analyse fonctionnelle peut-elle être utilisée en informatique ?

Comme dans les autres disciplines, l'analyse fonctionnelle est indispensable pour préciser les besoins et les exprimer dans un *cahier des charges fonctionnel.*

En matière d'informatique de gestion, trop de logiciels sont élaborés en tenant compte des besoins de tous les utilisateurs, à la suite d'interviews et sans analyse critique collective. Il en résulte souvent des monstres, difficiles à mettre au point et d'un coût élevé.

Comment réalise-t-on une analyse fonctionnelle ?

L'analyse fonctionnelle doit être entreprise au sein d'un groupe de travail dont le nombre de participants dépend du produit à étudier, entre 3 et 8 personnes, sous la conduite d'un animateur.

En plus de la recherche intuitive, il existe des outils d'analyse spécifiques à l'analyse fonctionnelle externe et interne. Toutes les fonctions recensées sont caractérisées, quantifiées et notées sur le cahier des charges fonctionnel.

Le temps passé n'est-il pas trop long ?

Dans le cas d'un produit simple, l'analyse fonctionnelle peut être réalisée en une demi-journée. Dans le cas d'un système complexe, cela peut demander quelques jours de travail.

Le temps passé n'est jamais trop long compte tenu du temps gagné lors de l'étude et du développement du produit concerné. Il faut considérer le temps passé à l'analyse fonctionnelle comme un petit investissement largement rentabilisé par la suite.

Peut-on étudier un produit sans avoir recours à l'analyse fonctionnelle ?

L'analyse fonctionnelle n'est pas indispensable dans le cas où l'on se contente d'un produit qui répond imparfaitement au besoin et qui ne donne pas complètement satisfaction à l'utilisateur. Trop de produits sont dans ce cas car ils ont été étudiés sans analyse fonctionnelle, avec seulement une recherche intuitive des fonctions principales. Or, ce qui fait le succès d'un produit, ce ne sont pas les fonctions principales, qui sont plus ou moins bien satisfaites par la plupart des produits, mais ce sont les fonctions complémentaires et celles-ci ne peuvent être identifiées que par une analyse fonctionnelle exhaustive.

Combien de fonctions de service doit satisfaire un produit de complexité moyenne ?

Le nombre de fonctions est très variable selon les produits : il peut être inférieur à une dizaine pour un produit très simple et atteindre une soixantaine pour un produit plus complexe ou le sous-ensemble d'un système.

À titre d'exemple, un stylo comporte une trentaine de fonctions, sans compter les fonctions techniques internes au produit. Le nombre de fonctions d'un produit complexe ou d'un système correspond à la somme des fonctions de tous ses sous-ensembles.

Si l'on cherche à satisfaire toutes les fonctions, ne court-on pas le risque d'aboutir à un coût élevé ?

C'est une pensée qui vient souvent à l'esprit des personnes non expérimentées. La pratique montre que le nombre de fonctions n'est pas directement proportionnel au coût d'un produit. Une conception optimisée sur le plan du rapport qualité/coût consiste à rechercher des solutions utilisant des composants multifonctionnels dont le coût reste en accord avec les objectifs.

Les fonctions ont-elles toutes la même importance ?

À la fin de l'analyse fonctionnelle, l'importance de chaque fonction est caractérisée par une échelle de coefficients à cinq niveaux allant de « souhaitable » à « vitale ». Les fonctions sont ainsi hiérarchisées les unes par rapport aux autres.

Dans le cas d'un programme de conception à coût objectif, il est parfois nécessaire de sacrifier quelques fonctions pour respecter l'objectif de coût. Cela touche des fonctions à faible coefficient d'importance, car en aucun cas des fonctions importantes, très importantes ou vitales ne peuvent être supprimées.

Quelle différence y a-t-il entre une fonction de service et une fonction technique ?

Il existe trois grandes catégories de fonctions :

— les fonctions de service, ou d'usage, ou d'estime,

— les contraintes,

— les fonctions techniques.

Les *fonctions de service* sont identifiées par l'analyse fonctionnelle externe, avant la recherche des solutions techniques. Ce sont des fonctions qui sont directement utiles à l'utilisateur.

Les *contraintes* sont des fonctions imposées par un milieu spécial, des réglementations, etc.

Les *fonctions techniques* sont indirectement utiles à l'utilisateur. Elles permettent aux fonctions de service de se réaliser. Elles résultent de l'analyse fonctionnelle interne. Celle-ci ne peut se faire qu'après la définition des solutions techniques ou à partir d'un produit existant.

Comment présente-t-on le résultat d'une analyse fonctionnelle ?

Le cahier des charges fonctionnel (CdCF) présente toutes les fonctions, regroupées par familles. Chaque fonction est caractérisée par des critères d'acceptation assortis de leurs niveaux et de leur flexibilité. Un coefficient d'importance hiérarchise les fonctions.

Il est parfois utile de compléter le CdCF par un graphe présentant l'arborescence fonctionnelle ou par tout autre document facilitant la compréhension du CdCF.

Comment utilise-t-on le CdCF ?

Le CdCF est le document de référence pour tout ce qui concerne le besoin. Il est utilisé principalement dans les cas suivants :

— Pour l'établissement des spécifications techniques de besoin.

— Dans les négociations entre un donneur d'ordres et un fournisseur.

— Pour guider la définition du produit.

— Lors du lancement et du dépouillement d'un appel d'offres.

— Chaque fois qu'il est nécessaire de vérifier si la conception et la réalisation sont conformes au besoin.

— Pour des études d'analyse de la valeur, de conception à coût objectif, de sûreté de fonctionnement, etc.

Peut-on commencer l'étude du produit avec seulement le CdCF ?

La connaissance des fonctions à satisfaire n'est pas suffisante pour étudier et fabriquer un produit. Un certain nombre d'informations complémentaires sont nécessaires. C'est le rôle des spécifications du *cahier des charges général*, notamment les *spécifications techniques de besoin* (STB) qui donnent des précisions complémentaires indépendantes des fonctions. Exemples : les conditions d'essai, de réception, de stockage, de maintenance, etc.

Est-ce que l'analyse fonctionnelle contribue à la construction de la qualité d'un produit ?

La qualité d'un produit dépend d'un certain nombre de dispositions et de démarches concernant sa conception et sa réalisation. Par la rigueur de sa démarche, l'analyse fonctionnelle contribue d'une façon importante à la qualité de conception. L'expérience prouve que la conception, par les choix qui en résultent, est responsable de 75 % de la qualité et du coût d'un produit.

L'analyse fonctionnelle est, par conséquent, une étape vitale dans la construction de la qualité.

2. LES PROFESSIONS INTÉRESSÉES PAR L'ANALYSE FONCTIONNELLE

La plupart des professions ayant un lien direct ou indirect avec la conception, la réalisation ou le contrôle des produits sont concernées par l'analyse fonctionnelle.

- *Le marketing*, afin de traduire les besoins du marché en termes de fonctions clairement explicitées dans un « cahier des charges marketing ».
- *Les maîtres d'ouvrage et les architectes*, dont le rôle de concepteur, au sens large du terme, est fondamental dans la définition des ouvrages de tous genres où l'aspect fonctionnel est déterminant, notamment pour les espaces d'activités.
- *Les ingénieurs et techniciens de bureau d'études*, chargés de la conception des produits de tous genres, objets, outillages divers, emballages, etc. pour qui un cahier des charges précisant parfaitement le besoin est nécessaire avant de se lancer dans l'étude des solutions.
- *Les ingénieurs et techniciens des méthodes* ou de la préparation du travail, dont le rôle principal consiste à définir les processus techniques et les outillages nécessaires à la production.
- *Les ingénieurs des services qualité*, pour qui la première préoccupation concerne l'assurance de la qualité de conception des produits puis la qualité des processus et enfin la qualité de production passant par la qualité des produits approvisionnés.
- *Les acheteurs*, dont la collaboration avec les services d'études est de plus en plus fréquente dans l'établissement des spécifications techniques et pour lesquels la relation client-fournisseur ainsi que la recherche du meilleur

coût dépend souvent d'un cahier des charges fonctionnel autorisant une large exploitation du « possible ».

- *Les designers*, les mieux placés pour réaliser un mariage réussi entre les fonctions et l'esthétique du produit.
- *Les responsables de projets informatiques*, chargés de l'élaboration d'un système de gestion et pour qui l'analyse fonctionnelle trouve naturellement sa place après le schéma directeur, au cours de l'étude préalable et avant l'étude détaillée.
- *Les fiabilistes*, pour qui la préoccupation de la sûreté de fonctionnement est inséparable de la prise en considération d'un cahier des charges fonctionnel, issu d'une analyse fonctionnelle détaillée. Exemple : les méthodes d'analyse des conditions insidieuses (*Functional Sneak Analysis*).

Cette liste est volontairement incomplète. En résumé, toutes les personnes concernées par l'analyse fonctionnelle sont celles qui participent, à partir de l'identification d'un besoin, à la conception, à la réalisation ou au contrôle d'un produit, d'un procédé ou d'un service.

Il est évident que la direction de l'entreprise est concernée au premier chef. Il n'y a en effet pas de meilleure garantie d'efficacité dans le travail de conception que de commencer à préciser parfaitement le besoin par l'analyse fonctionnelle en appliquant des méthodes reconnues pour leur efficacité au sein d'un groupe de travail compétent. La direction de l'entreprise trouve en cela l'assurance de la bonne exécution de la phase d'étude d'un nouveau produit, la perspective d'un minimum de « revues de projet » et surtout une réduction des mises au point, des modifications onéreuses qui en découlent et des retards dans l'exécution du programme. On évite ainsi que les chargés d'études choisissent les premières solutions qui leur viennent à l'esprit ou reconduisent des solutions existantes qui ne sont pas forcément les meilleures, avant d'avoir posé le problème dans son ensemble.

La démarche fonctionnelle oblige à se poser les véritables questions sur les attentes objectives ou subjectives des futurs utilisateurs ainsi que toutes les contraintes de l'environnement ou des règlements à respecter.

Dans bien des cas les besoins sont exprimés d'une façon approximative, voire contradictoire. Lorsque le besoin est exprimé par une enquête de marché ou le cahier des charges d'un donneur d'ordres, l'analyse fonctionnelle permet de donner la bonne expression du besoin afin de le valider. L'analyse fonctionnelle est à la base de l'adéquation des solutions techniques au besoin réel et complet de l'utilisateur. Elle permet également d'optimiser les coûts en mettant en évidence les exigences non strictement utiles. La recherche des fonctions inutiles est une des pistes proposées par la méthodologie de l'analyse de la valeur, en vue de la réduction des coûts.

Accepter que la non-qualité fonctionnelle des produits dépende de la seule fatalité serait tout aussi absurde que d'affirmer qu'il n'existe pas de méthode pour remédier à cet état des choses.

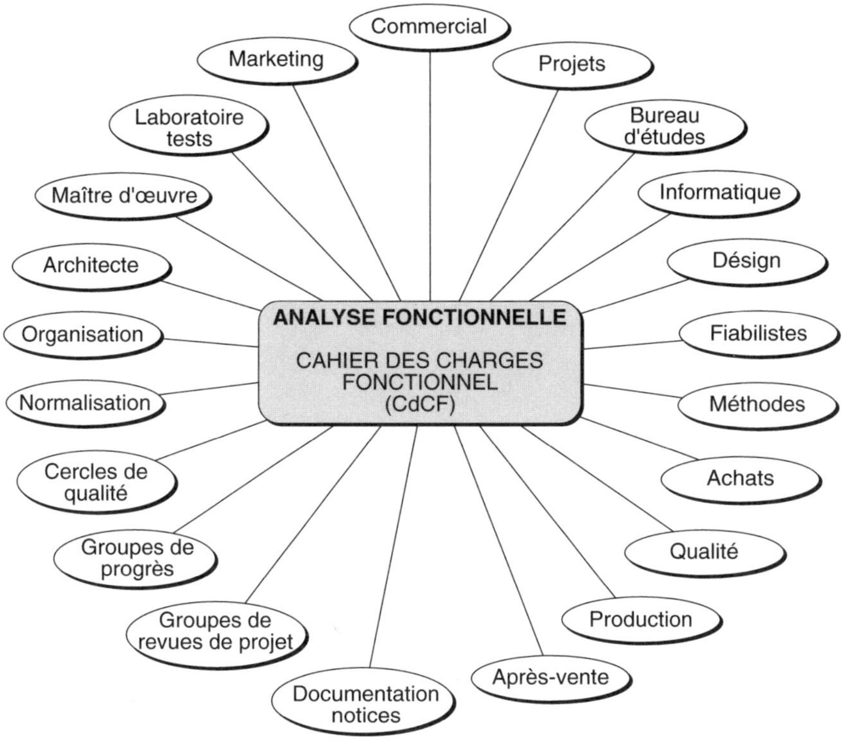

Figure 1 – Services de l'entreprise concernés par l'analyse fonctionnelle

3. LES DOMAINES CONCERNÉS

Les domaines concernés par l'analyse fonctionnelle sont très vastes. Il serait difficile d'en faire un inventaire exhaustif.

Nous allons, malgré tout, essayer de donner un aperçu de sa formidable potentialité mais il faut bien comprendre que l'analyse fonctionnelle n'est pas une fin en soi. Elle est souvent précédée par des étapes préliminaires et suivie par des actions complémentaires.

Bien entendu, elle trouve sa pleine signification dans le développement d'un nouveau produit où tout est à imaginer.

Transformer un besoin en une somme de fonctions est un exercice passionnant. Imaginer le comportement d'un produit à travers un graphe de fonctions est une véritable découverte. Inutile de courir à l'autre bout du monde pour découvrir des sensations nouvelles, établir le cahier des charges fonctionnel d'un système complexe en procure davantage.

Soyons sérieux et essayons de montrer, ne serait-ce qu'en partie, les domaines où l'approche fonctionnelle apporte un plus considérable.

1. LES RESSOURCES HUMAINES

La plupart du temps il y a confusion entre les tâches à exécuter et les fonctions à remplir. Il faut avouer qu'il est plus facile d'observer un opérateur en train de travailler et ensuite d'établir la gamme d'opérations en déclarant d'un ton péremptoire « voilà ce qu'il faut faire sur ce poste » que d'essayer de comprendre quelles sont les fonctions qui résultent des opérations, et surtout si elles sont toutes utiles.

Définir un profil de poste, qu'il soit technique ou administratif, doit relever d'une analyse des fonctions à remplir plutôt que d'une description des tâches à exécuter.

Il est tout à fait possible de procéder à des actions de recrutement et de sélection de candidats à partir d'un cahier des charges fonctionnel, qu'il s'agisse d'un directeur, d'un employé ou d'un opérateur.

L'approche fonctionnelle peut apporter un avantage considérable dans ce domaine, même s'il faut changer un peu les habitudes.

2. LES RELATIONS DANS L'ENTREPRISE

Il m'est arrivé, en intervenant dans une entreprise, au début d'une étude d'analyse de la valeur d'un nouveau produit (*value engineering*) lors de la phase d'information, de poser les questions suivantes :

> « Avez-vous un cahier des charges marketing ? Avez-vous établi une fiche-programme ?
>
> Réponse : Non, mais c'est dans la tête de tout le monde ».
>
> Une autre fois, dans une filiale d'un grand groupe, la réponse a été :
>
> « Oh, vous savez, nous sommes une entreprise de tradition orale ».

Il est possible que tout se passe bien dans ces entreprises mais il est possible également que le personnel soit confronté à des problèmes relationnels et que par habitude il n'en ait pas pris conscience et s'en accommode.

Il ne faut pas faire du papier pour le plaisir, d'autant plus que des grands gourous prêchent pour le *zéro papier*, mais quelques documents de base comme une fiche-programme ou un cahier des charges fonctionnel ont le mérite de donner une connaissance collégiale des informations, d'avoir une approche factuelle des problèmes, de servir de référentiel pour toutes les évolutions en cours de programme, d'assurer la « traçabilité » des travaux d'études en apportant une part considérable à l'assurance de la qualité.

Cette façon de procéder est tout à fait indispensable dans le cas du développement de systèmes complexes, comme un avion ou un système d'armes, mais elle est utile également dans le domaine de produits plus modestes tel qu'un publiphone ou un appareil de mesure, surtout si le produit est destiné à être fabriqué en série.

3. LES PROCÉDURES

Les donneurs d'ordres, comme les administrations et les grandes entreprises, sont de plus en plus friands de fournisseurs certifiés ISO 9000 et la suite. De ce fait le zéro papier recule un peu plus à l'horizon et les entreprises de tradition orale sont inquiètes.

Il existe bien entendu des formulaires mais peu donnent satisfaction. Il reste des domaines où les procédures sont à imaginer, ou à « reconcevoir » lorsqu'elles ne correspondent pas au besoin.

Il est alors possible, avant toute chose, de redéfinir le besoin et de réaliser une analyse fonctionnelle de la procédure elle-même pour mettre en évidence les fonctions de service qu'elle doit assurer. Prenons pour exemple un extrait du CdCF d'une procédure d'achat de prestations de service relatif à du personnel temporaire.

- Donner toutes informations utiles pour la qualification et la sélection du personnel.
- Prévoir les dispositions nécessaires en cas de non respect du contrat.
- Préciser les modes de règlement financier, etc.

La rédaction de la procédure devra respecter les fonctions du CdCF qui a été élaboré par un groupe de travail pluridisciplinaire comprenant si besoin un juriste.

4. LE MARKETING PRODUIT

La fonction marketing produit couvre plusieurs domaines d'activités, mais les deux principaux sont :

- L'étude des marchés, ou segments de marchés, pour découvrir quels sont les besoins de la clientèle.
- La recherche de marchés pour un nouveau produit issu d'une innovation technologique susceptible de créer un besoin nouveau.

Quelquefois ces études sont appuyées par des questionnaires. C'est alors que le langage fonctionnel peut apporter sa contribution à leur rédaction.

La synthèse des réponses, rédigée elle aussi en termes de fonctions sur le cahier des charges marketing, s'inscrira dans la logique du langage du bureau d'études.

Cela contribuera à l'efficacité des échanges d'informations entre les différents services de l'entreprise, car il n'y aura pas de solution de continuité dans le langage.

5. LA CRÉATIVITÉ AU BUREAU D'ÉTUDES

L'analyse fonctionnelle trouve son terrain de prédilection au bureau d'études. Le chapitre consacré au management de projet précise les moments opportuns de son utilisation.

Qu'il s'agisse d'étudier un produit nouveau ou de réétudier un produit existant, à un moment du programme, il sera nécessaire de chercher des solutions pour résoudre les problèmes en faisant preuve de créativité.

Celle-ci sera importante si le produit doit se démarquer nettement de la concurrence, ou si l'objectif de réduction de coût est très ambitieux, ou encore si des progrès significatifs doivent être obtenus pour améliorer la qualité.

L'emploi de méthodes de créativité est souvent nécessaire telle que le *brainstorming* dirigé. Les idées qui en résultent peuvent être nombreuses et variées. Des évaluations et des comparaisons s'imposent pour effectuer une sélection. C'est alors que le recours à un arbitre est utile, en l'occurrence le CdCF.

L'analyse fonctionnelle étant par définition indépendante des solutions, la sélection de ces dernières s'effectue en vérifiant, tout d'abord, si elles répondent aux fonctions demandées. Celles qui ont les conditions requises peuvent ensuite faire l'objet d'une deuxième sélection sur la base des coûts.

6. LE DESIGN

De la créativité au design il n'y a qu'un pas à franchir. Les recommandations précédentes s'appliquent également au moment du choix des propositions faites par un designer.

Pour commercialiser avec succès des produits grand public, l'utilité du design n'est plus à démontrer. Le design contribue notamment à satisfaire les fonctions d'estime à travers l'esthétique, l'image de marque, l'ergonomie, etc.

Dans le domaine automobile, le design est l'un des principaux facteurs de la décision d'achat, mais si l'esthétique était l'unique préoccupation du designer, cela conduirait inéluctablement à des produits imparfaits.

Un beau design, de bons matériaux, une belle finition contribuent à obtenir une qualité apparente mais qui n'est pas nécessairement le gage de la satisfaction complète de l'acheteur, surtout si celui-ci est en même temps l'utilisateur.

Le service rendu par un produit résulte de la satisfaction des fonctions principales mais également complémentaires.

Il est couramment admis que le designer participe à l'étude d'un produit le plus en amont possible. Ce principe n'est pas faux en soi mais il mérite quelques commentaires.

Si le designer commence son étude avant l'analyse fonctionnelle, il y a de fortes malchances pour que les solutions proposées ne répondent pas bien au besoin.

L'expérience montre qu'il est absolument nécessaire d'établir un cahier des charges fonctionnel avant de faire exécuter des études de design. Mieux encore, il est utile que le designer participe à l'analyse fonctionnelle pour bien s'imprégner des fonctions à satisfaire et en même temps apporter un éclairage, notamment sur les fonctions relatives à l'ergonomie et à l'esthétique.

7. LES MÉTHODES

Comme son nom ne l'indique pas, le service méthodes a la charge de prévoir tout ce qui est nécessaire pour que la fabrication d'un produit s'effectue dans les meilleures conditions de qualité, de coût et de délai.

La définition des processus industriels, des gammes de fabrication, des outillages, etc. se fait souvent par routine en tenant compte des moyens de production existants dans l'entreprise.

Mais lorsque le produit a un caractère de nouveauté important et qu'il doit être fabriqué en grande série, le processus industriel nécessaire peut être complexe et les dépenses engagées très importantes.

C'est alors que l'analyse fonctionnelle du processus apporte la meilleure garantie pour le bon choix des moyens industriels nécessaires. Elle n'indique pas la nature des investissements mais elle précise les fonctions à satisfaire par le processus et les niveaux de qualité requis avec précision.

8. LA RELATION HOMME-MACHINE

La compétition internationale et le progrès en général font que certains produits deviennent de plus en plus complexes. La complexité interne est la résultante des évolutions technologiques et paraît inéluctable, mais la complexité externe, celle qui concerne directement l'utilisateur, l'est beaucoup moins.

Une désaffection de certains produits, notamment électroniques, est à mettre sur le compte de la complexité de leur utilisation.

Une automobile, produit aujourd'hui banalisé, comprend de nombreux systèmes électroniques. Le nombre de fonctions automatisées, pilotées et contrôlées par la machine augmente sans cesse.

Afin de maintenir le nombre de commandes manuelles à un niveau raisonnable, le concepteur est tenté de faire réaliser plusieurs fonctions par une même commande. Une impulsion sur un bouton pour une fonction, une deuxième impulsion sur le même bouton pour en commander une autre, une troisième, etc. de plus, certains afficheurs sont trop petits et par conséquent peu lisibles, ce qui n'arrange rien. Il s'ensuit des risques de fausse manœuvre.

Si c'est sur le tableau de bord d'une machine à laver cela peut ne pas être trop grave. Si c'est sur celui d'un avion, il n'y aura pas beaucoup de survivants pour raconter ce qui s'est passé.

Hésiter entre une commande manuelle, mono ou multifonctionnelle ou une commande automatique, entre un afficheur analogique ou numérique fait partie des préoccupations journalières des concepteurs de systèmes.

Le CdCF peut les aider à faire ces choix car il peut comporter un chapitre consacré à ce genre de problème.

Dans le groupe d'analyse fonctionnelle un spécialiste de l'ergonomie des automatismes, appelée également l'électro-ergonomie, peut apporter son expérience et le CdCF peut comporter un paragraphe consacré aux fonctions relatives au dialogue homme-machine.

Les fonctions qui en résultent sont rédigées de façon à éviter les risques de fausse manœuvre pouvant entraîner des dysfonctionnements accompagnés de risques ou de dommages importants, ou plus simplement un certain découragement de l'utilisateur.

9. LES ACHATS

Il n'est pas fréquent qu'un acheteur participe aux travaux d'un groupe d'analyse fonctionnelle du produit pour lequel il sera amené à rechercher un fournisseur et pourtant, dans certains cas, cela peut être du plus grand intérêt. Sa présence, dans le groupe, n'est pas obligatoire toute la durée de l'analyse mais elle est souhaitable au moment de la synthèse pour qu'il prenne connaissance des coefficients d'importance accordés à certaines fonctions ainsi que de la flexibilité de leurs niveaux. Il sera ainsi mieux à même de négocier avec les fournisseurs, surtout si un taux d'échange coût/performance a été fixé.

Si la consultation nécessite un appel d'offres accompagné d'un CdCF, sans solution imposée, les réponses peuvent être plus diversifiées que dans le cas d'un appel d'offres classique. Afin de faciliter le dépouillement il est utile de prévoir, en regard de chaque fonction, un cadre de réponse où le fournisseur indique comment il compte la satisfaire.

Le dépouillement est ainsi grandement facilité pour vérifier la correspondance solution-fonction et surtout pour comparer les offres entre elles.

10. LA RELATION CLIENT-FOURNISSEUR

Selon le principe bien connu « tout le monde est client ou fournisseur de quelqu'un » à l'intérieur ou à l'extérieur de l'entreprise, il en découle des relations différentes selon le *poids* représenté par l'une ou l'autre des parties.

Un important client donneur d'ordre tel qu'une grande entreprise ou un organisme public a une position de force sur la plupart de ses fournisseurs.

S'il lance un appel d'offres sur la base d'un CdCF, les relations avec les fournisseurs peuvent être difficiles, surtout si c'est la première fois et si les fournisseurs n'ont pas reçu la formation nécessaire pour maîtriser l'approche fonctionnelle des problèmes.

Sont particulièrement concernés les appels d'offres comprenant un marché d'études. Cela met en évidence la nécessité d'employer un langage commun pour la compréhension du CdCF. La solution peut passer par une formation à l'analyse fonctionnelle, commune au client et au fournisseur.

11. LA PRODUCTION

À priori, la relation entre l'analyse fonctionnelle et la production n'est pas évidente, puisque le CdCF et les études détaillées existent au moment où la production commence. Si un représentant de la production a participé à l'analyse fonctionnelle c'est bien, mais cela n'est pas suffisant comme le montre l'exemple ci-après.

En faisant une étude d'analyse de la valeur portant sur un sous-ensemble de structure aéronautique je me suis trouvé en présence d'un cas, qui n'a rien d'exceptionnel, et qui illustre bien le rapport entre analyse fonctionnelle et fabrication.

> J'étais au pied d'une presse qui formait à chaud des pièces en titane. Après chaque coup de presse, l'opérateur sortait la pièce de l'outillage avec des pinces et la présentait sur une maquette de contrôle. Après examen, il jetait la pièce dans l'une des deux caisses situées autour de la maquette. En me penchant je vis que les caisses contenaient à peu près le même nombre de pièces. L'opérateur m'indiqua alors que les caisses séparaient les pièces bonnes des mauvaises, ces dernières étaient défectueuses à cause d'un glissement de l'ordre du millimètre du flan sur l'outillage pendant le formage.
>
> Je pris une des pièces mauvaises et je la montrais au bureau d'études quelques jours plus tard, en demandant si la pièce était inapte à être montée sur le sous-ensemble de l'avion.
>
> « Non, cette pièce est bonne. C'est un renfort d'angle dont la longueur des bords n'est pas incorrecte à quelques millimètres près. »

La fonction de la pièce ne figurant pas sur les plans de détails et, bien entendu, sur les documents de fabrication, des dizaines de kilos de titane partaient chaque jour à la ferraille, en provoquant une dépense importante, alors que les pièces étaient fonctionnellement bonnes et pouvaient être montées sur l'avion en demandant une dérogation au bureau d'études.

D'une façon générale les fonctions ne sont pas indiquées sur les plans de détails et l'exécutant ignore à quoi sert ce qu'il fabrique. À croire que la connaissance du *pourquoi* est le privilège de quelques initiés et que les autres doivent se contenter du *comment.*

Il serait pourtant bénéfique, sur le plan qualitatif et sur le plan humain, que le langage fonctionnel concerne tous les acteurs de l'entreprise. Cela pourrait éviter bien des problèmes.

12. LA QUALITÉ

La *maîtrise* de la qualité passe nécessairement par la *construction* de la qualité, c'est-à-dire prévoir les précautions indispensables à toutes les étapes d'un programme pour finalement créer un produit qui satisfera les exigences du client et de l'entreprise. L'analyse fonctionnelle et le CdCF contribuent fortement à la construction de la qualité.

La maîtrise de la qualité nécessite également de se préoccuper de la sûreté de fonctionnement du produit pour évaluer ses causes de défaillances, sa fiabilité, sa durabilité, sa disponibilité, sa « maintenabilité ».

L'analyse fonctionnelle *interne* du produit permet de comprendre les fonctions satisfaites par chacun de ses constituants : ensembles, sous-ensembles, équipements, et selon le degré de finesse de l'analyse il est même possible de descendre au niveau du composant. Le CdCF en cascade qui en résulte, permet d'effectuer des analyses des modes de défaillance, de leurs effets et de leur criticité (AMDEC). Si des revues de projet sont nécessaires au cours de la phase de développement, le responsable de la qualité veillera à ce qu'il soit fait référence au CdCF chaque fois que nécessaire. Les écarts éventuels entre les solutions et les fonctions feront l'objet d'actions correctives.

13. LES NOTICES D'EMPLOI

Rien n'est plus désagréable que d'être en face d'une notice d'emploi qui refuse obstinément de fournir les explications nécessaires. Certains prétendent que c'est à cause des traductions successives, par exemple : japonais-anglais-français que les bonnes informations se sont perdues en cours de route. L'expérience montre que c'est en effet un problème, mais ne il concerne que l'orthographe et quelques tournures de phrases.

Il est rare de constater la disparition d'un paragraphe entier lors des traductions, or c'est précisément de cela dont il s'agit. Il manque presque toujours un paragraphe important : *quelles sont les fonctions offertes par le produit ?*

La notice est rédigée en termes de tâches à exécuter sans indiquer les fonctions correspondantes. C'est seulement au bout de quelques mois d'utilisation laborieuse que l'on comprend enfin quelles sont les fonctions que le produit peut offrir. Je connais des personnes qui ont revendu leur magnétoscope à cause de cela. Elles n'ont pas eu la patience d'attendre le merveilleux moment de la révélation.

Le CdCF doit être à la base de la rédaction d'une notice d'emploi. En adoptant le langage fonctionnel, le rédacteur de la notice doit aboutir à un document clair, précis, explicite, convivial.

La *notice commerciale* cite les possibilités principales du produit avec une belle présentation et assez d'arguments pour provoquer la décision d'achat.

La *notice d'emploi* indique l'ordre des opérations à réaliser dans une circonstance déterminée, mais n'évoque pas les possibilités fonctionnelles du produit qui n'apparaissent dans leur globalité qu'après une longue période d'utilisation.

Pour améliorer sa compréhension, l'utilisateur ne doit compter que sur des explications d'un autre utilisateur du même produit, pas toujours pédagogue, ou sur une patience peu commune s'il s'obstine à se servir de la notice.

Prenons l'exemple d'un caméscope numérique haut de gamme. La notice comporte 115 pages et est très difficilement compréhensible. Si cette notice avait été établie à partir d'une analyse fonctionnelle, elle aurait présenté au début du document les possibilités du caméscope sous la forme d'une liste de ses fonctions classées en plusieurs groupes, dont le récapitulatif est donné dans le tableau suivant.

Groupes fonctionnels	*Nombre de fonctions*
Alimentation électrique	4
Fonctions générales	9
Possibilités de réglages avant enregistrement	12
Fonctions réalisées automatiquement pendant l'enregistrement	6
Possibilités de réglages pendant l'enregistrement	6
Fonctions relatives aux modes particuliers d'enregistrement	4
Fonctions relatives à la lecture	10
TOTAL	**51**

Ce CdCF simplifié, comprenant seulement la désignation des 51 fonctions et leur renvoi dans le texte, permet en une seule lecture de comprendre toutes les possibilités de l'appareil. C'est une ouverture d'esprit et un gain de temps considérable pour l'utilisateur.

Parmi les notices difficiles d'emploi, curieusement destinées à rendre le produit facile d'emploi, il faut citer les notices relatives aux logiciels informatiques. La plupart des utilisateurs sont rapidement bloqués en essayant de suivre la notice et sont obligés de suivre une formation spécifique pour comprendre de quoi il s'agit.

Cette situation est bien connue mais peu d'actions vont dans le sens de l'amélioration. Manifestement, l'analyse fonctionnelle est encore insuffisamment exploitée. Pour faire mieux que les concurrents, un constructeur de magnétoscope vient de sortir un modèle avec assistance vocale, ce qui confirme l'indigence de la plupart des notices classiques.

Cette situation est anormale. Il faudrait peut-être compter le nombre d'heures perdues par les particuliers et les entreprises, et calculer la perte financière que cela représente pour sensibiliser les services officiels compétents et les décider à faire établir des recommandations pour la rédaction des notices d'emploi. L'analyse fonctionnelle serait, encore une fois, à la base d'un réel progrès tout à fait indispensable dans ce domaine.

4. LE BESOIN

1. LA DÉFINITION DU BESOIN

Entre un besoin objectif et un besoin subjectif il y a une grande différence, d'où une certaine difficulté à trouver une bonne définition du besoin.

Les hommes de lettres ont choisi d'associer le besoin à un manque. Pour le dictionnaire de l'Académie des sciences commerciales, le besoin est défini ainsi : « Perception chez une personne d'un manque ou d'un excès de ce qui lui est nécessaire. C'est l'origine psychologique et sociale de la consommation. »

On distingue généralement trois classes de besoins :

— le besoin latent,
— le besoin identifié,
— le besoin créé.

- *Le besoin latent* appartient généralement aux exigences fondamentales de l'individu. En tant que tel, son identification se fait plutôt au travers du besoin exprimé, il est en quelque sorte le support de besoins plus caractérisés.
- *Le besoin identifié* résulte d'études de marché, de comportement de consommateurs, de statistiques de consommation, etc.
- *Le besoin créé*, comme son nom l'indique, prend naissance après la mise sur le marché d'un produit nouveau, issu généralement d'une innovation technologique. Exemples : la télévision, le walkman, le disque laser, etc.

Dans la norme NFX 50150 concernant le vocabulaire de l'analyse de la valeur on peut lire ceci : « Le besoin est une nécessité ou un désir éprouvé par l'utilisateur, et non le volume du marché. Un besoin peut être exprimé ou implicite, avoué ou inavoué, latent ou potentiel. Dans tous les cas il constitue le besoin à satisfaire pour lequel un utilisateur est prêt à faire un effort. »

Par « utilisateur » on entend un individu, une collectivité, une entreprise, une administration, un service d'une entreprise ou d'une administration.

Motivant l'achat pour une entreprise, le besoin dépend de facteurs objectifs, qu'il s'agisse de besoins en matières premières, produits semi-ouvrés, biens d'équipement ou sous-traitance, d'où la nécessité de rechercher la nature des besoins mais également de prévoir au mieux les évolutions possibles.

On peut classer les besoins en deux grandes familles : objectifs et subjectifs. Les besoins dits « objectifs » sont ceux qui sont relativement faciles à quantifier, c'est-à-dire à évaluer quantitativement à l'aide de critères ou de paramètres chiffrables, exemple : le besoin de rouler vite peut se chiffrer par un paramètre de vitesse exprimé en km/heure.

- *Le besoin « objectif »* tient compte de notions quantifiables, telles que :
  - — les performances,
  - — les caractéristiques,
  - — l'ergonomie,
  - — la sécurité,
  - — la disponibilité,
  - — la durabilité,
  - — la maintenabilité,
  - — l'encombrement,
  - — le poids,
  - — etc.

L'acte d'achat obéit à des lois complexes. Même s'il est réalisé à des fins utilitaires, il comporte presque toujours une dimension émotionnelle voire affective.

Une étude de marché doit donc identifier les attentes du client. Elle part généralement du principe que le produit est un potentiel de satisfactions perçu par les acheteurs éventuels. Les fonctions qui correspondent à ce type de besoin sont les *fonctions d'estime*.

- *Le besoin « subjectif »* est plus difficile à quantifier, par exemple avoir besoin de posséder un produit haut de gamme obéit à des notions telles que :
  - — l'image de marque
  - — la mode,

— le syle de vie,
— le confort,
— la détente,
— l'esthétique,
— le classicisme,
— l'originalité,
— l'ambiance,
— la rareté,
— l'élégance,
— la distinction,
— l'atmosphère,
— le luxe,
— l'apparence,
— la symbolique,
— etc.

Des critères peuvent être associés à ces types de besoin mais leur quantification est assez difficile.

2. LA PERCEPTION DU BESOIN

La perception du besoin dépend du contexte dans lequel se trouve l'acheteur potentiel, par conséquent des influences de toute nature susceptibles de provoquer des déviations à la perception originelle du besoin.

Trois catégories d'acheteurs sont généralement distinguées :
— l'acheteur individuel,
— l'acheteur représentant un groupe, un ménage,
— l'acheteur professionnel.

À chacune de ces catégories s'ajoute un facteur déterminant dans la perception du besoin, c'est que le prix n'est pas toujours payé par l'acheteur-utilisateur du produit.

Exemples

- l'acheteur, le payeur et l'utilisateur sont un même individu, c'est généralement le consommateur.
- L'acheteur et le payeur sont un même individu mais l'utilisateur est différent ; l'achat d'un cadeau par exemple.
- L'acheteur est un individu, le payeur est l'entreprise, l'utilisateur est différent ; c'est le cas des achats industriels.

La position dans laquelle se situe l'acheteur détermine souvent un processus d'achat particulier pouvant lui aussi perturber son comportement. Ce processus débute généralement par une phase d'information au cours de laquelle l'acheteur prend connaissance ou, selon le cas, conscience du besoin. C'est au cours de cette première phase que l'influence de l'entourage est la plus importante. Dans son contexte familial, l'avis des membres de la famille joue un grand rôle, par exemple dans l'achat d'une voiture ou d'un appartement.

Dans un autre domaine, l'acheteur professionnel subit les contraintes propres à l'organisation de son entreprise. Il suit un processus bien défini qui le conduit à travers les besoins exprimés par une « demande d'achat » en provenance des services d'études, méthodes ou utilisateurs, à réaliser l'achat offrant le meilleur rapport qualité/prix en regard des spécifications demandées.

Par ailleurs certaines insatisfactions restent en mémoire et influencent l'acheteur lors de ses futurs achats. Ces insatisfactions sont généralement dues aux difficultés d'utilisation ou de maintenance du produit. L'acheteur est naturellement mieux disposé vis-à-vis d'un produit ayant de meilleures performances que les précédents, plus commode à utiliser, plus facile à entretenir, présentant plus de sécurité et de surcroît ne coûtant pas plus cher.

On peut en déduire qu'il ne suffit pas de satisfaire les besoins sans tenir compte des désirs, car les besoins d'aujourd'hui étaient les désirs d'hier.

L'achat d'un bien de consommation est devenu un compromis entre un investissement affectif et un investissement financier.

Carlos Fallon, dans son excellent ouvrage *Valeur et productivité*, soulignait justement :

« Si l'excessif est en général mauvais, le désirable est en général bon. Ignorer cette différence fondamentale peut amener, lors de l'analyse de la valeur, à lâcher le désirable en croyant qu'il est excessif. »

William Smart est l'auteur d'une remarque non moins pertinente :

« Ceux qui pensent que les bijoux n'ont pas de valeur utilitaire et que la nourriture a une valeur infinie doivent tirer leurs idées non de la vie des hommes mais de celle du bétail. »

Compte tenu de ces observations, doit-on considérer comme immuable la pyramide des besoins de Maslow, ou peut-on l'inverser dans certains cas pour mieux comprendre les comportements de société ?

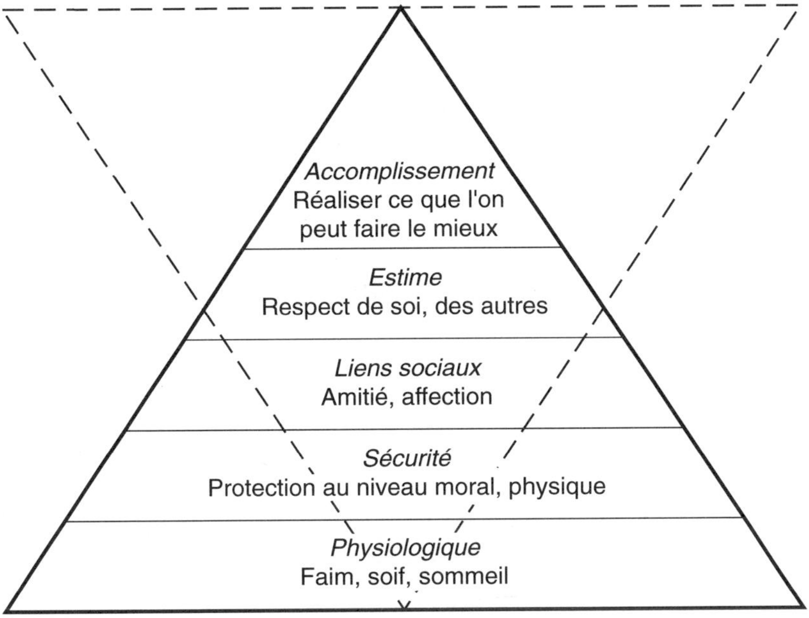

Figure 2 – Pyramide des besoins (Maslow)

La perception du besoin peut résulter de la mise en application des méthodes de marketing : informations sur le marché, les clients, les opportunités saisonnières, les processus d'achat, etc., par des sondages, des interviews, des enquêtes, mais il est quelquefois nécessaire de se reposer des questions fondamentales concernant le véritable objectif du produit.

- *Quelle est son utilité ?* À quoi sert-il ? À qui sert-il ?
- *Quelle est son action ?* Sur quoi agit-il ? Sur qui agit-il ?
- *À quel besoin de base* répond-il ?

La réponse à ces quelques questions élémentaires permet de situer rapidement les besoins, c'est-à-dire l'objectif fondamental du produit et par conséquent l'objectif de l'étude de ce produit. C'est une des premières étapes à franchir avant d'aller plus avant dans la démarche d'analyse fonctionnelle.

Exemple : un camescope grand public.

> *À quoi sert-il ?*
>
> 1. À enregistrer des images sonorisées.
> 2. À réaliser des films de réalité ou de fiction.
> 3. À effectuer éventuellement de la surveillance.

4. À distraire.
5. À enseigner.
6. À former.
7. À obtenir des revenus à l'entreprise qui le produit.

À qui sert-il ?

1. À toute personne devant enregistrer des images sonores.
2. À obtenir des revenus à l'entreprise qui le vend.

Sur quoi agit-il ?

1. Sur la bande magnétique de la cassette images sonores.
2. Sur la bande magnétoscope.
3. Sur la table de montage.
4. Sur la table à effets spéciaux.
5. Sur les accessoires.
6. Sur le téléviseur.

Sur qui agit-il ?

1. Sur le comportement de son utilisateur.
2. Sur le comportement des personnes filmées.
3. Sur le comportement des spectateurs.
4. Sur les fabricants de camescopes, de cassettes, d'accessoires.
5. Sur les distributeurs.
6. Sur les vendeurs.

Objectif fondamental du produit : permettre au grand public d'enregistrer sur bande magnétique des images et du son en vue de réaliser des films de réalité ou de fiction, éventuellement effectuer des opérations de surveillance et des copies de documents ou de films.

Dans le domaine industriel le mot demandeur peut être préféré aux mots client ou acheteur, le demandeur peut être une personne ou un organisme qui agit pour le compte d'une autre entité. Dans ce cas, le demandeur n'est pas le payeur. Le demandeur peut appartenir à une entreprise et s'adresser à un service de la même entreprise.

Le demandeur peut également être désigné par « donneur d'ordres ». Ce terme est généralement utilisé pour désigner un organisme ou une entreprise qui adresse une demande de prestation de services à un fournisseur.

3. LA VALIDATION DU BESOIN

Un besoin peut être fugitif, momentané ou au contraire subsister plusieurs années dans une conjecture stable.

Il peut également évoluer ou disparaître brutalement en fonction d'événements particuliers ou de changements importants de conjoncture.

Ces possibilités sont à considérer en fonction des segments de marché plus sensibles que d'autres aux évolutions techniques ou conjoncturelles.

Les études de marketing devront mettre en évidence la stratégie à adopter à court terme, à moyen terme ou à long terme. Le cahier des charges marketing (DdCM) sera à la base des décisions stratégiques de l'entreprise et, bien entendu, l'analyse fonctionnelle en tiendra compte.

Dans les secteurs en pleine évolution comme l'audiovisuel, les progrès techniques rendent les matériels rapidement obsolètes. La technologie des camescopes, magnétoscopes, téléviseurs, etc. progresse à pas de géant et par conséquent fait rapidement évoluer les besoins des utilisateurs vers de nouvelles générations de produits.

La stratégie des entreprises doit en tenir compte. Il ne s'agit pas de prévoir le lancement d'une quantité trop importante de produits dans une mouvance de progrès très rapide. Les investissements, notamment en moyens de production, risqueraient de ne pas être rentabilisés à cause d'une durée de vie commerciale trop courte. L'analyse fonctionnelle doit tenir compte de ce phénomène au moment où l'on attribue des coefficients d'importance aux fonctions qui comportent plus de risques d'évolution que les autres.

La notion de flexibilité accordée à certaines fonctions prend alors toute son importance.

La validation du besoin est une phase de l'étude qui consiste à vérifier si le besoin, tel qu'il a été défini, ne risque pas d'être modifié ou annulé à plus ou moins long terme.

Les questions suivantes incitent à une réflexion particulière pour trouver les réponses appropriées.

- Qu'est-ce qui peut modifier le besoin ?
- Qu'est-ce qui peut reporter le besoin ?
- Qu'est-ce qui peut annuler le besoin ?
- Dans combien de temps le besoin peut-il évoluer ?

Les réponses à ces questions permettent de vérifier la validité du besoin exprimé au moment où le programme est susceptible d'être déclenché, et dans le même temps de valider ou d'infirmer la durée de vie commerciale du produit définie par l'étude du marché.

L'évolution de l'environnement est de plus en plus rapide et il n'est pas rare de surestimer la durée de vie commerciale des produits avec le risque de ne pas avoir le temps de rentabiliser les investissements spécifiques.

Il est prudent d'évaluer les risques à encourir en estimant la probabilité et l'échéance d'un événement perturbateur. Le lancement d'un produit peut ainsi être différé et dans certains cas annulé si le risque peut être qualifié de danger.

Le tableau ci-après peut servir de matrice d'aide à la décision.

Probabilité de survenue de l'événement	A	B	C	D
4	D	D	D	M
3	D	D	M	R
2	D	M	R	F
1	M	R	F	F

Échéance de survenue de l'événement

Probabilité		**Échéance**		**Risque**	
	1 - Faible		A - Très long terme > 10 ans		D - Danger
	2 - Moyenne		B - Long terme 5 à 10 ans		M - Moyen
	3 - Forte		C - Moyen terme 1 à 5 ans		R - Réduit
	4 - Très forte		D - Court terme < à 1 an		F - Faible

Pour des produits dont l'étude et le développement se déroulent sur plusieurs années et coûtent des sommes considérables, par exemple : un nouveau système d'armes, un nouvel avion…, le maître d'ouvrage doit être en mesure de construire et de maîtriser la qualité tout au long du déroulement du processus. Il doit donc s'organiser pour être sûr, dès le début du programme, que le produit donnera satisfaction à l'utilisateur, c'est-à-dire au besoin, au moment où il sera mis à sa disposition plusieurs années plus tard.

Dans ce cas l'analyse du besoin prend une importance considérable. Elle devra parfois être validée périodiquement lors de revues de projet.

En résumé, on peut considérer quatre cas en matière d'échéances, bien que le premier soit le plus fréquent.

1. ***À court terme :*** dans ce cas il faut tenir compte du disponible et ne pas imposer de niveaux aux critères ne pouvant pas être satisfaits et risquant de compromettre les délais. Une autre solution consiste à prévoir une version de base du produit et envisager des options destinées à le compléter en temps voulu.

2. ***À moyen terme :*** une certaine flexibilité est alors accordée entre ce qui est disponible et ce qui nécessite un développement un peu plus long. La formule version de base et options est toujours valable.

3. ***À long terme :*** la combinaison du disponible et de ce qui est utile à développer est plus complexe. Il faut anticiper le progrès, réaliser des scénarios en tenant compte de l'évolution des techniques, voire de l'élaboration ou de la mise au point de matériaux nouveaux.

4. ***À très long terme :*** dans certains cas il est nécessaire d'envisager les échéances lointaines mais la marge d'erreur est importante.

4. L'EXPRESSION DU BESOIN

L'expression ou la formulation du besoin est très importante pour les différents acteurs économiques, donneurs d'ordres, fabricants, clients-utilisateurs.

Dans tous les cas un grand nombre de personnes est impliqué dans la chaîne d'étude et de développement de produits.

Il est important que tout le monde se comprenne en parlant le même langage, et surtout en ayant une parfaite connaissance du besoin sous toutes ses formes.

La qualité d'un produit dépend de sa « réponse » au besoin à satisfaire. Si celui-ci est bien exprimé il sera alors possible d'effectuer le meilleur choix des solutions satisfaisantes et le cas échéant de suivre dans les détails l'évolution du besoin, en tout ou en partie, pendant le développement du produit.

Dans la norme NF X 50100 : « De l'expression du besoin à la compétitivité », on peut lire ceci :

« L'expression du besoin et la recherche de sa satisfaction appellent des réponses aux questions suivantes.

- Comment susciter l'offre de produits compétitifs et innovants au moyen d'une expression du besoin formulée en termes d'obligations de résultats, plutôt qu'en termes de moyens ?
- Comment utiliser en interne, avec efficacité, les compétences de l'entreprise pour évaluer le besoin ?
- Comment exprimer d'une manière unifiée le besoin à travers les acteurs de l'entreprise, d'attributions et de sensibilités différentes ?
- Comment favoriser le dialogue entre partenaires, tout en respectant les responsabilités de chacun ?
- Comment conduire la progression technique vers la solution la mieux adaptée au besoin, c'est-à-dire la mise en relation entre ce qui est attendu du produit et sa propre concrétisation ?
- Comment exprimer le besoin pour faciliter au fournisseur la démonstration, à chaque étape de l'élaboration du produit, que la solution proposée y répond effectivement ?»

La meilleure forme d'expression du besoin est l'approche fonctionnelle, c'est-à-dire la traduction de chaque composante du besoin en termes de fonctions.

Trois notions fondamentales sont à retenir.

1. Besoin : insatisfaction qui motive la création du produit (*définition du besoin*).

2. Fonction : formulation du produit à travers le besoin (*analyse des fonctions*).

La notion de fonction, située entre le besoin et le produit, pourrait également être définie ainsi : *formulation du besoin en vue d'obtenir le produit.*

3. Produit : élément concret qui répond au besoin à travers la satisfaction des fonctions (*création du produit*).

5. LE PRODUIT

Le produit est l'élément concret qui répond au besoin.

Le mot produit, nous l'avons vu précédemment, est pris au sens large du terme, il désigne aussi bien un produit concret qu'un produit immatériel tel qu'un logiciel ou un processus.

1. LES DIFFÉRENTES CATÉGORIES DE PRODUITS

On distingue généralement :

- *les produits « objets »* tels qu'un crayon, une voiture, etc. ;
- *les processus techniques* tels qu'un procédé de transformation de matière ou de traitement de surface, etc. ;
- *les processus administratifs* tels qu'un organisme de sécurité sociale, une compagnie d'assurance, un service bancaire, etc. ;
- *les services* qui sont généralement la combinaison d'un processus administratif et de procédés techniques, tels qu'une entreprise de nettoyage, d'entretien d'ascenseurs, etc.
- *un produit immatériel* tel qu'un logiciel.

2. LES COMPOSANTS

Quelquefois le produit est un élément qui s'intègre dans un système, il devient alors un composant du système, exemple : une pièce sur une carte électronique. La carte elle-même est un produit qui s'intègre dans un ensemble électronique assurant le service demandé.

C'est la notion de cascade : ensemble, sous-ensemble, composant. Chaque élément de l'ensemble du système peut être considéré comme un produit à part entière. Il assure un service requis par le sous-ensemble sur lequel il est monté.

L'appartenance ou non du produit à un système peut influencer l'analyse fonctionnelle.

Les quatre grandes catégories de produits considérées habituellement en matière de marché sont les suivantes.

1. Les produits de grande consommation : l'alimentation, l'habillement, les produits d'hygiène, les voitures, les articles de sport, etc.

2. Les biens intermédiaires : les produits chimiques ou métallurgiques, les produits semi-ouvrés, les composants destinés au marché industriel, etc.

3. Les biens d'équipement : les outillages, les machines, les moyens industriels, certaines catégories de construction, immeubles, meubles, etc.

4. Les services : nettoyage, location de matériels divers, services financiers, personnel intérimaire, banques, garages, etc.

3. LA DURABILITÉ DES PRODUITS

Parmi les fonctions d'un produit, la durabilité est une caractéristique qui dépend étroitement des conditions de son utilisation.

Plusieurs cas peuvent se présenter :

1. Le produit doit être durable avec des conditions d'utilisation aléatoires. C'est le cas des parkmètres, consignes, certains articles de sport, d'habillement… Pour évaluer la durabilité de ces produits, les scénarios, enquêtes, sondages, etc. sont très utiles.

2. Le produit doit être durable avec des conditions d'utilisation bien définies. Ce cas est théoriquement plus simple mais il faut prévoir le bon compromis entre la durabilité et le coût. La flexibilité sous la forme de taux d'échange est quelquefois possible (voir le paragraphe 9.7).

3. Le produit est jetable. C'est le cas des petits produits bon marché à durée limitée ne permettant pas l'entretien ni le ravitaillement en énergie, carburant, etc.

4. Le produit est utilisé une seule fois après stockage. Il s'agit des produits appartenant à des catégories du genre : aliments en conserve, munitions, cigarettes... Pour cette catégorie de produits, les conditions de stockage sont primordiales ainsi que la bonne adéquation avec les emballages ou les containers spécifiques.

5. Le produit est utilisé une seule fois dès sa création. La plupart des services entrent dans cette catégorie. Certains éléments de processus techniques ou administratifs, une communication téléphonique, etc.

L'approche fonctionnelle doit par conséquent tenir compte des conditions de durabilité décrites ci-dessus.

6. L'ÉTUDE DE MARCHÉ ET LE CAHIER DES CHARGES MARKETING

Définir un objectif de qualité en accord avec le prix du marché est un élément important de la maîtrise du rapport qualité/prix.

Cette approche du problème conduit les entreprises à réaliser des études de marché plus complètes qu'autrefois, à pousser très loin la définition des produits, à définir des objectifs plus précis.

Les entreprises ne cherchent plus à développer leur marge en misant uniquement sur la diminution de leurs coûts, elles cherchent de plus en plus à innover en substituant aux produits anciens des produits nouveaux bien adaptés aux évolutions du marché. Il convient de tenir compte d'une nouvelle dynamique de marché caractérisée par des segments particuliers identifiés par des études appropriées dont les conclusions sont récapitulées sur le *cahier des charges marketing.*

L'analyse fonctionnelle ne peut s'effectuer valablement qu'en respectant des objectifs bien définis.

Lorsque l'entreprise est sous-traitante ou coopérante, les objectifs sont définis par le donneur d'ordre. En général, un cahier des charges plus ou moins détaillé accompagne la demande de fourniture. Les choses se compliquent lorsque l'entreprise entend développer son propre produit. Il faut alors qu'elle définisse tous les éléments utiles à l'étude du nouveau produit. L'étude de marché s'avère le plus souvent nécessaire.

Les produits de grande consommation tels que l'alimentation, les vêtements, etc. font l'objet d'études de marché s'appuyant sur des approches « marketing ».

- *Segmentation du marché :* population de consommateurs présentant des caractéristiques semblables.
- *Études de panels :* échantillon témoin d'une population interrogée périodiquement pour suivre son comportement ou suivre ses opinions.

Les produits d'autres catégories, à caractère objectif dominant, sont caractérisés par les fonctions qu'ils remplissent. Il est donc nécessaire, dès l'étude de marché, d'identifier quelles sont les fonctions d'usage ou de service attendues par les utilisateurs.

Ces fonctions dites « principales » seront prises en compte lors de l'analyse fonctionnelle détaillée.

Les questions le plus couramment posées lors d'une étude de marché sont les suivantes.

- Quel est le besoin principal ?
- Quelles sont les fonctions de service principales ?
- Quels sont les produits de la concurrence ?
- Quels sont les circuits de distribution ?
- Quel est le prix du marché (prix de vente) ?
- Quelle sera sa durée de vie commerciale ?
- Quelle pourra être la montée en vente (programme) ?
- etc.

Les techniques des études de marché sont récapitulées dans le tableau ci-après, extrait d'une plaquette de la collection « Gestion de l'innovation », intitulée *Les études de marché, leur cahier des charges simplifié*, diffusée par l'ANVAR.

Le cahier des charges marketing (CdCM) comporte deux volets principaux caractérisant le marché :

— son aspect qualitatif,

— son aspect quantitatif.

Il résulte d'une approche technico-économique où, bien entendu, l'aspect économique est dominant. Il doit néanmoins comporter tous les éléments indispensables à la prise de décision et il servira de base à l'établissement de la fiche-programme.

BUTS	TECHNIQUES
Pourquoi acheter le produit ? Expliquer l'acte d'achat (Motivations de l'acheteur) 1. Grande consommation Produit / Conditionnement / Prix Produits concurrents Fondement psychologique Mécanismes irrationnels 2. Biens intermédiaires et d'équipement *Y aura-t-il (ou non) achat ?*	**Étude documentaire** Repérer, dans la documentation et par interview de quelques experts ou organismes clés, la problématique et les données de base de ce marché.
Comment le produit sera-t-il vendu ? Définir la distribution (la vente) Points de vente Réseau de vente Organisation de la concurrence *Comment le produit sera-t-il vendu ?*	**Études qualitatives** Centrées sur l'acheteur. *Techniques individuelles :* • entretiens non directifs et semi-directifs • questionnaires *Techniques collectives :* • réunions de groupe • études « créatives » *Études de comportement :* • test de placement • test de produit • prétest de publicité
Combien de produit vendra-t-on ? Évaluer la quantité de produit vendu Qualité/prix Part de marché/Concurrence Combien d'unités vendra-t-on ? Gestion produit : marge Simuler la vente (*testing*)	**Études quantitatives** Enquêtes et sondages, selon un ÉCHANTILLON, questionnaires Exploitation « statistique » Méthode simplifiée des quota Étude d'image Étude de comportement d'achat Étude de réseaux de distribution Étude de part de marché Étude de clientèle TESTING : tests de marché Tests de prix, etc. Modèles de simulation

Figure 3 – Techniques des études de marché

7. LA DÉFINITION DES OBJECTIFS ET LA FICHE-PROGRAMME

Il n'est pas souhaitable que l'analyse fonctionnelle s'effectue uniquement à partir du cahier des charges marketing (CdCM). Une étude intermédiaire doit valider et compléter le CdCM, c'est l'étude de la fiche-programme. En effet, la direction de l'entreprise doit définir les objectifs, notamment de qualité, coût, délai. Le bureau d'études ne peut pas se substituer à la direction, il doit suivre ses directives.

Pourquoi fiche-programme et non cahier des charges ? Ce n'est pas pour faire preuve d'originalité ni pour compliquer les choses à plaisir. Le mot fiche symbolise un document concis, précis, n'ayant pas le volume d'un cahier des charges car indiquant seulement des objectifs et des directives. Dans le domaine informatique, il s'agit du schéma directeur.

1. LE CONTENU DE LA FICHE-PROGRAMME

La fiche-programme comprendra entre autres :

— le rappel des fonctions principales issues du CdCM,
— l'objectif de niveau qualitatif,
— les grandes options stratégiques choisies,
— les objectifs de certaines performances,
— le rappel des invariants,
— la durée de vie industrielle (programme, planning),
— le budget d'étude et développement,
— le coût de revient objectif,
— la politique de coopération ou de sous-traitance, etc.

Certains de ces paragraphes méritent quelques commentaires.

1. L'objectif de niveau qualitatif rappelle le créneau du marché visé : haut de gamme, milieu de gamme, bas de gamme. Il y a lieu quelquefois de préciser le cadre de niveau d'acceptation du produit, norme, règlement, procédure particulière. Rappeler, par exemple, le cadre règlementaire d'une certification ou d'une qualification, ce qui est fréquent dans le domaine militaire.

2. Les grandes options stratégiques représentent le choix des solutions fondamentales choisies par la direction de l'entreprise afin de cadrer avec sa politique générale de développement de produits.

Exemples

> *Respecter* impérativement l'image de marque de la maison.
>
> *Construire* un nouveau produit s'intégrant dans une gamme.
>
> *Se démarquer* complètement des produits concurrents ou au contraire avoir des points communs avec un produit concurrent qui a un grand succès.

3. Les objectifs de certaines performances ont quelquefois intérêt à être indiqués au bureau d'études. En effet, ce n'est pas ce dernier qui doit définir, par exemple, la vitesse de pointe d'un nouveau modèle de véhicule. C'est au bureau d'études de chercher les solutions qui donneront satisfaction à la performance imposée par le marché ou par la stratégie de l'entreprise mais ce n'est pas à lui de définir cette performance.

L'analyse fonctionnelle tiendra compte des objectifs figurant dans la fiche-programme.

4. Le rappel des invariants doit préciser le domaine de l'étude et mettre en évidence, surtout lorsqu'il s'agit de la remise en cause d'un produit existant, ce qui doit rester dans l'état initial. Ceci peut être illustré par l'exemple suivant.

> *Le responsable d'un groupe d'études* vient trouver le directeur technique d'un constructeur automobile pour lui présenter les nouvelles solutions issues du travail du groupe qui avait pour mission de simplifier un certain type de moteur :
>
> « Monsieur, nous avons trouvé une excellente solution pour réduire le coût du moteur. Il apparaît manifestement que les pistons possèdent trop de segments. En supprimant le segment n° 3 nous pouvons faire une économie appréciable. Qu'en pensez-vous ?
>
> — Bravo, Messieurs, vous me proposez la seule solution inacceptable. Nous avons mis des années pour mettre au point le segment n° 3 ; depuis, nos moteurs ne consomment plus d'huile et vous voudriez supprimer cela ! Trouvez-moi d'autres solutions s'il vous plaît.»

Voici un exemple où l'invariant n'avait pas été indiqué avant d'entreprendre l'étude, avec pour conséquence une perte inutile de temps et d'argent.

En résumé, la fiche-programme doit récapituler d'une façon synthétique les informations vitales nécessaires à la bonne direction de l'étude.

Dans le plan des opérations de l'étude et du développement d'un nouveau produit, la fiche-programme se situe juste avant l'analyse fonctionnelle, comme le montre le schéma des différentes phases nécessaires à l'étude et au développement d'un produit nouveau (figure 4).

Ce schéma pourrait être présenté sous une forme bouclée pour évoquer les itérations possibles et les retours d'informations vers le responsable du programme. La forme linéaire, choisie volontairement, évoque le rendement optimum d'une démarche idéale où personne n'attend de retours en arrière et de nombreuses revues de projet pour se sécuriser et se donner bonne conscience, au détriment des délais et des coûts.

2. QUI DOIT ÉTABLIR LA FICHE-PROGRAMME ?

Le chef d'entreprise ? Le responsable de la qualité ? Le responsable technique ? Le responsable financier ? Le responsable du programme ? Un comité de direction ? Un comité de pilotage ?

Si le responsable d'une petite entreprise peut prendre les décisions souhaitables, après s'être fait communiquer le CdCM ou un rapport de la direction commerciale, le responsable d'une grande entreprise, par le nombre et la diversité de ses tâches, est amené à déléguer une partie de ses pouvoirs de décision à un responsable de programme nommé pour la circonstance. Celui-ci pourra se faire aider par un groupe de projet chargé d'étudier les bases fondamentales du produit et d'établir la fiche-programme.

Dans le cas de produits importants nécessitant une longue période de développement, la fiche-programme peut évoluer pour de multiples raisons. Dans ce cas, l'analyse fonctionnelle est à reprendre pour être mise en conformité avec les points modifiés de la fiche-programme. Théoriquement, l'analyse fonctionnelle et le cahier des charges fonctionnel qui en résulte ne doivent pas évoluer si la fiche-programme n'évolue pas.

Dans certaines corporations, la fiche-programme est désignée différemment mais le but du document reste identique : *fiche de caractéristique militaire* (FCM), dans le domaine de l'industrie de l'armement, suivie de la *spécification technique de besoin* (STB), et *schéma directeur*, dans le domaine de l'informatique, élaboré par un groupe de pilotage.

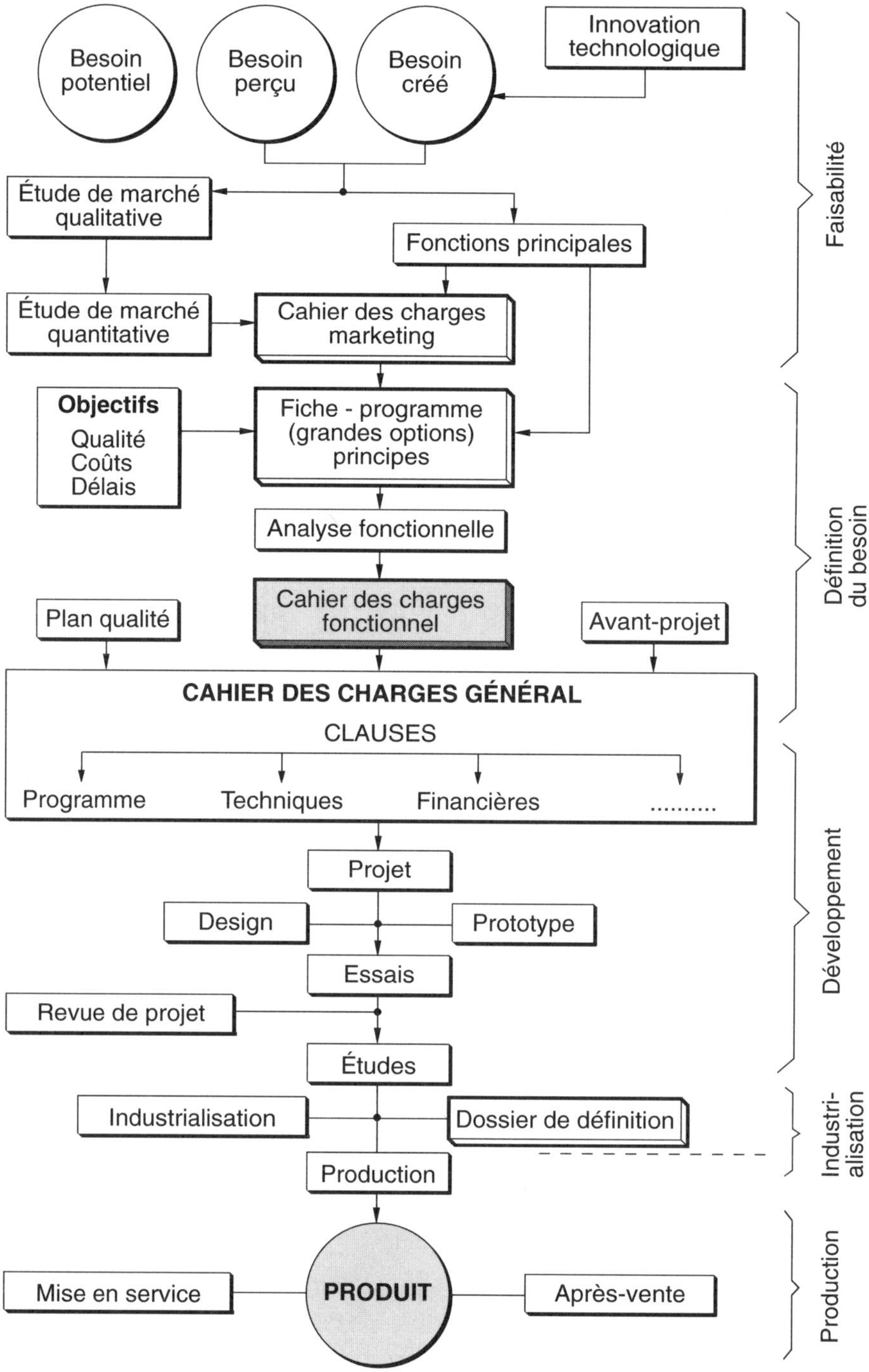

Figure 4 – Étude et développement d'un nouveau produit

8. LE GROUPE DE TRAVAIL

1. POURQUOI UN GROUPE DE TRAVAIL ?

Le travail individuel est le propre des artistes du genre sculpteurs, peintres, écrivains, encore que certains de ces derniers ne négligent pas la participation de quelques collaborateurs.

Dans le domaine industriel, le travail individuel comporte des causes d'insuccès dont voici un échantillonnage :

— les données de base sont mal formulées,
— les informations sont souvent incomplètes,
— les coûts sont mal connus,
— la communication entre les services est insuffisante,
— les préjugés sont un frein,
— les habitudes sont sclérosantes.

L'analyse fonctionnelle ne peut se faire valablement qu'après avoir collecté toutes les informations concernant le besoin et les attentes du marché ou du demandeur. C'est le minimum requis. Un certain nombre d'informations complémentaires sont nécessaires, notamment sur le mode d'utilisation ou de maintenance du produit.

L'ingénieur et le dessinateur du bureau d'études ne sont pas les mieux placés pour apprécier en connaissance de cause les problèmes liés à l'utilisation des produits. Les besoins de la ménagère vis-à-vis d'une machine à laver ne sont pas les mêmes que ceux du réparateur. Il s'ensuit que l'information est disséminée. Elle se donne avec réticence et elle est en général mal diffusée.

Comment remédier à cet état de fait ?

En réunissant un certain nombre de personnes qui détiennent chacune une part de l'information afin de constituer un groupe de travail pluridisciplinaire aux connaissances complémentaires. Le nombre des participants peut être compris entre 5 et 9. Il doit comprendre des représentants des services dont la compétence est adaptée au sujet étudié, par exemple pour un produit grand public :

— marketing ou commercial,
— designer,
— après-vente,
— bureau d'études,
— méthodes ou préparation du travail,
— qualité,
— achats,
— production,
— utilisateur (si possible).

Le groupe ainsi constitué pour la durée de l'étude devient une véritable unité opérationnelle.

La présence d'un utilisateur est souhaitable, particulièrement pour l'étude d'un produit grand public. La difficulté à laquelle se heurte habituellement l'industriel est qu'il ne peut dévoiler ses projets à la concurrence. Or il est risqué de faire participer à l'étude des personnes extérieures à l'entreprise qui ne sont pas tenues au secret professionnel comme peut l'être un consultant.

La solution de remplacement, peu idéale il est vrai, est de constituer un panel des membres de l'entreprise ayant une expérience dans le domaine de l'utilisation du produit. Les avantages d'un groupe de travail sont les suivants :

— il sécurise les individus,
— il améliore la motivation,
— il permet les échanges d'informations,
— il provoque une synergie,
— il est l'unité opérationnelle de la créativité,
— il renforce la décision,
— il facilite l'application des décisions,
— il peut poursuivre l'étude du produit après la phase d'analyse fonctionnelle pour chercher des solutions en appliquant la méthodologie de l'analyse de la valeur.

Un groupe dit de « réflexion » mobilisant quelques personnes pendant plusieurs réunions peut aboutir à un résultat peu convaincant s'il n'applique pas des méthodes d'analyse, de raisonnement, de décision, et si les travaux ne sont pas animés et coordonnés par un animateur confirmé.

En l'absence d'animateur, l'affaire de tous pourrait devenir rapidement l'affaire de personne, durer des mois et coûter très cher. Afin d'augmenter l'efficacité d'un groupe, il est utile de procéder à une courte formation aux méthodes d'Analyse fonctionnelle. Une ou deux journées suffiront si le groupe est motivé. Cette formation permet d'unifier le langage tout en conditionnant le groupe.

Les qualités les plus significatives de l'animateur sont les suivantes :

— bon contact humain,
— sens psychologique,
— dynamisme,
— connaissance parfaite de la méthodologie,
— généraliste plutôt que spécialiste,
— connaissance du milieu industriel et de l'entreprise,
— esprit imaginatif et synthétique.

Très succinctement, son rôle consiste à :

— participer à la constitution du groupe,
— obtenir la confiance,
— maintenir les bonnes relations,
— obtenir la cohésion,
— appliquer la méthodologie,
— susciter les informations,
— animer les travaux,
— enregistrer des résultats,
— faire la synthèse,
— veiller à la bonne rédaction du cahier des charges fonctionnel.

2. DE QUI DÉPEND LE GROUPE DE TRAVAIL ?

Naturellement le groupe de travail dépend de la direction ou du responsable qui l'a initié. Dans le cas du développement d'un nouveau produit, le responsable du programme d'étude peut être à l'origine de la création d'un groupe d'analyse fonctionnelle.

Si l'étude concerne la remise en cause d'un produit existant afin d'améliorer sa qualité ou de diminuer son coût, le groupe de travail peut être initié par l'une des directions de l'entreprise concernée par le problème. Généralement, il s'agit de la direction technique, de la direction des achats ou de la direction de la qualité. Quelquefois la direction du marketing.

Le groupe de travail reste constitué le temps de l'analyse fonctionnelle. Il peut néanmoins poursuivre son activité dans le cadre d'une étude d'analyse de la valeur ou d'une autre approche méthodologique incluant l'analyse fonctionnelle dans son plan de travail, tel que le management de projet.

9. LES FONCTIONS ET LEURS CARACTÉRISTIQUES

1. RELATION QUALITÉ/FONCTION

Définir un concept ou plus simplement une notion utile à un raisonnement se heurte à l'utilisation des mots.

Le terme « qualité » est un bon exemple de ce qui précède. N'a-t-on pas déjà entendu parler de la qualité de la vie, d'un homme de qualité, été séduit par toutes ses qualités. Même des spécialistes évoquent les différentes catégories de qualité : la qualité de service, d'usage, totale, etc.

La norme NFX 50-109 propose : « la qualité d'un produit ou d'un service est son aptitude à satisfaire les besoins des utilisateurs. » Et si le coût est associé à la qualité, il faut évoquer la notion de *valeur*, c'est-à-dire le rapport *qualité/prix*.

Quand la qualité se transforme en fonctions à satisfaire, il est alors possible de définir la qualité par la phrase suivante : « la qualité d'un produit ou d'un service est son aptitude à satisfaire les fonctions attendues par l'utilisateur. »

Le mot « fonction » pourrait faire penser que cette définition est limitative par son caractère technique, il n'en est rien. Nous avons vu précédemment que certaines fonctions correspondent à des besoins subjectifs. Ce sont les fonctions d'estime qui prennent en compte des aspects aussi divers que les formes, les couleurs, les parfums, la mode, etc. dont l'importance n'est plus à démontrer.

Pour une commodité d'analyse nous pouvons résumer les principales composantes de la qualité sous la forme de fonctions assorties de leurs caractéristiques, dont nous proposons quelques exemples.

- *Assurer la sécurité :* stabilité, redondance, système de protection (exprimée en taux d'accidents).
- *Assurer la disponibilité :* aptitude à l'usage, même après un long stockage (exprimée en temps).
- *Assurer la fiabilité :* probabilité de fonctionner pendant une période donnée dans des conditions définies (exprimée en taux de défaillance, moyenne des temps de bon fonctionnement – MTBF, exprimée en heures).
- *Assurer la maintenabilité :* aptitude à la maintenance (exprimée en taux d'intervention ou en moyenne de temps de réparation – MTTR, exprimée en temps).
- *Assurer la durabilité :* cycle de vie du produit à l'usage (exprimée en temps).
- *Procurer du confort et de l'agrément :* silence, esthétique, facilité d'emploi, ambiance (exprimés généralement par des critères subjectifs, comparatifs).
- Et bien entendu *assurer le service* avec tous les critères qui lui correspondent.

Si les coûts peuvent facilement s'évaluer en unité de mesure monétaire, ce n'est pas toujours possible pour la qualité dont nous venons d'examiner quelques aspects.

L'utilisateur du produit aura peut-être des réserves à l'égard de quelques caractéristiques ou performances, mais il saura, après une période d'usage, si globalement il est satisfait ou non.

Il est alors possible d'écrire que l'objectif de qualité est atteint lorsque le niveau de satisfaction offert correspond au niveau de satisfaction souhaité.

$$\text{Qualité} = \frac{\text{Satisfaction offerte}}{\text{Satisfaction souhaitée}} = 1.$$

Pour matérialiser l'analyse et sachant que toutes les composantes de la qualité peuvent être traduites sous la forme de fonctions, nous pouvons écrire :

$$\text{Qualité} = \frac{\text{Fonctions offertes}}{\text{Fonctions souhaitées}} = 1.$$

Notons au passage que les fonctions sont indépendantes des solutions ou des moyens qui permettent leur satisfaction.

La fonction : assurer le chauffage d'une habitation ne précise pas par quels moyens le chauffage peut être assuré et quelle source d'énergie doit être employée : gaz, fuel, charbon, électricité. En revanche, les caractéristiques du chauffage seront précisées dans le cahier des charges fonctionnel : durée, températures mini-maxi, etc.

2. FORMULATION DES FONCTIONS

La définition du mot « fonction » est liée aux notions d'activité, d'action, de service à rendre, de besoin à satisfaire. La norme X50-150 propose la définition suivante : « actions d'un produit ou de l'un de ses constituants exprimées exclusivement en terme de finalité ».

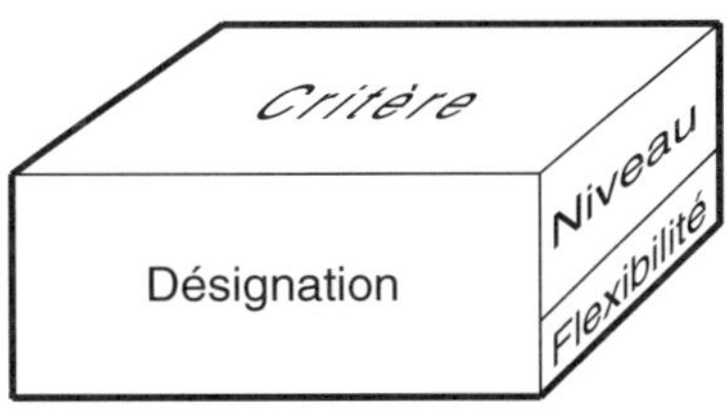

Caractéristiques d'une fonction

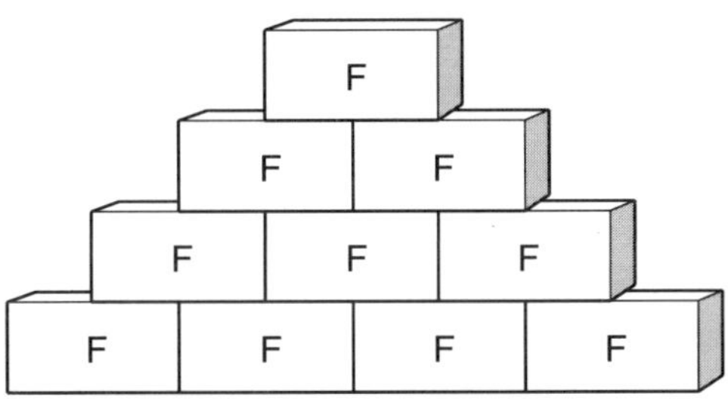

Un produit est un assemblage de fonctions

Figure 5 – Fonction et produit

Dans cette définition, le mot « finalité » est en opposition au mot « moyen ». La fonction exprime un « résultat » attendu et non la solution permettant d'obtenir ce résultat (la confusion est fréquente chez ceux qui découvrent ces méthodes). Décrire un résultat sous la forme de fonctions à satisfaire devient « l'expression fonctionnelle du besoin ».

L'analyse du besoin et sa traduction sous la forme de fonctions n'est pas limitée au fonctionnement et à l'usage du produit. Elle comprend également toutes les motivations du client-utilisateur, même les plus subjectives.

La désignation d'une fonction doit être précise afin d'éviter toute erreur d'interprétation ; il est conseillé d'utiliser un verbe et un complément, par exemple : résister à la corrosion.

Se contenter d'une désignation ne suffirait pas pour caractériser une fonction, il faut donc ajouter des caractéristiques qui seront récapitulées, notamment, dans le cahier des charges fonctionnel :

— numéro d'ordre,
— désignation de la fonction,
— K, coefficient d'importance de la fonction,
— un ou plusieurs critères d'appréciation de la fonction,
— niveau d'appréciation de ce critère,
— flexibilité admissible de ce niveau,
— F, classe de flexibilité.

C'est ainsi qu'on peut représenter entièrement une fonction dans le cahier des charges fonctionnel.

		Caractéristiques				
N°	Désignation	k	Critère	Niveau	Flexibilité	F

La façon très synthétique de présenter toutes les fonctions sur un tableau de ce type facilite l'appréciation de leur importance relative au moment où le groupe de travail attribue les coefficients (K) d'importance à chacune d'elles.

3. LES DIFFÉRENTES CATÉGORIES DE FONCTIONS

Il est très rare qu'un produit ne remplisse qu'une seule fonction. Exemple : en plus d'enlever la poussière, un aspirateur doit être préhensible, maniable, aller dans les coins, avoir un rayon d'action suffisant, etc. Les fonctions sont alors classées en quatre grandes catégories.

◆ *Les fonctions principales de service*

Ce sont essentiellement les fonctions de service ou d'usage pour lesquelles le produit a été réalisé et qui assurent le service attendu par l'utilisateur.

- *Fonction d'usage d'un téléphone :* communiquer à distance par la voix.
- *Fonction d'usage d'un aspirateur :* enlever la poussière.
- *Fonction s'usage d'une lampe :* fournir de la lumière.

Parmi les fonctions principales il y a lieu quelquefois de considérer les fonctions d'estime, surtout pour les produits de haut de gamme ou de luxe.

Pour un flacon de parfum par exemple, une des fonctions principales d'estime sera de séduire l'acheteur. Une autre fonction principale, celle de contenir le parfum, sera peut-être considérée à un rang inférieur tout en restant dans la catégorie des fonctions principales.

◆ *Les fonctions complémentaires de service*

Elles sont quelquefois appelées, à tort, fonctions secondaires. Elles correspondent à un besoin complémentaire qui doit être satisfait au même titre que le besoin principal. Elles complètent, améliorent, facilitent le service rendu.

Exemple

> Un briquet, en plus de donner une flamme, doit satisfaire les fonctions complémentaires suivantes :
> — ne pas salir les poches ou les sacs,
> — ne pas dégager de mauvaises odeurs,
> — être esthétique.

Quelquefois une fonction complémentaire est liée à une utilisation particulière du produit. Exemple : permettre le branchement d'un magnétoscope ou d'un camescope sur un téléviseur.

Les fonctions correspondant à un besoin subjectif sont souvent appelées fonctions sensorielles.

Il ne faut pas sous-estimer l'importance des fonctions complémentaires d'usage, certaines d'entre elles emportent la décision d'achat. À caractéristiques égales, j'ai personnellement choisi l'achat d'une voiture en raison de son faible niveau de bruit, et pourtant « être silencieux » n'est pas la fonction principale d'un véhicule.

En revanche, il y a lieu de bien identifier l'importance de certaines fonctions complémentaires, c'est parmi elles que l'on trouve des fonctions inutiles, c'est-à-dire pratiquement inexploitées par l'utilisateur. C'est du reste une des voies de recherche de simplification proposée par l'analyse de la valeur.

La course au gadget, provoquée par les « plus » que l'on veut offrir par rapport aux produits concurrents, frise quelquefois le ridicule. Dans ce genre de compétition il faut savoir marquer des limites.

La distinction entre les catégories de fonctions principales et complémentaires n'est pas essentielle. Elle facilite le choix d'un coefficient d'importance lors de la hiérarchisation des fonctions, mais elle ne fait pas oublier que les fonctions, identifiées et *validées*, figurant sur le cahier des charges fonctionnel doivent toutes être satisfaites.

◆ *Les contraintes*

Appelées quelquefois « les fonctions contraintes », cette catégorie de fonctions résulte d'une limitation de liberté de conception d'un produit. Les contraintes ont pour origines les plus fréquentes les sources énumérées ci-après.

- *L'environnement*

> *Une machine spéciale* devant s'adapter aux éléments amont et aval de la chaîne de fabrication.
>
> *Un outillage sous-marin* devant résister à la corrosion.

- *La technologie*

> Le choix d'un procédé de fabrication, tel que l'emboutissage, impose d'abandonner certains types de solutions, par exemple trop coûteuses.

- *Le respect de certaines insatisfactions majeures*

> *La modification importante d'un produit* en raison d'insatisfactions exprimées sur le mauvais fonctionnement de certains composants.
>
> *La remise en cause d'un processus administratif* en raison d'une suggestion du personnel.

- *Les règlements et les normes*

Le respect d'une norme est souvent primordial, notamment pour assurer la sécurité ou un niveau de qualité donné. D'autre part, certains produits sont soumis à des règlements qu'il faut impérativement respecter en vue de satisfaire une procédure de qualification ou plus simplement pour pouvoir les commercialiser.

Les brevets peuvent, dans certains cas, être des barrages à certaines orientations ou à certaines solutions envisagées. Le CdCM ou la fiche-programme doivent en tenir compte.

Et il y a les fausses contraintes que l'on a intérêt à déceler en temps voulu.

> *Demander le respect d'une norme* ou d'un règlement périmé.
>
> *Évoquer la prétendue indisponibilité d'un matériau* dont toutes les possibilités d'approvisionnement n'ont pas été vérifiées.
>
> *Respecter une exigence du donneur d'ordre*, manifestement superflue ou au contraire nettement sous-estimée, que l'on aurait tout intérêt à discuter avec lui afin d'améliorer le succès commercial du produit.

◆ *Les fonctions techniques*

Ce sont les fonctions internes au produit résultant d'un type de conception déterminé. Lors de l'analyse fonctionnelle d'un nouveau produit l'identification de ce type de fonctions n'est pas possible, on ne connaît pas encore les solutions qui seront adoptées, sauf si certaines contraintes concernant des solutions imposées figurent dans la fiche-programme.

En revanche, lors de l'analyse fonctionnelle d'un produit existant, il est presque toujours nécessaire d'identifier les fonctions techniques. Sous la désignation de fonction technique on comprend les fonctions intitulées également :

— fonction de conception,
— fonction de construction.

Une fonction technique répond à un besoin de conception ou de construction que l'utilisateur du produit n'a pas forcément demandé. Bien souvent il les ignore complètement.

> *Le refroidissement d'un moteur à explosion* d'un voiture n'a pas été demandé par l'utilisateur. Seul l'ingénieur d'étude y a été contraint pour assurer le bon fonctionnement du moteur.
>
> *Un banc de fraiseuse*, capable d'usiner des pièces de grande longueur, a été conçu et réalisé en trois morceaux pour faciliter la fonderie, l'usinage, le transport. Les trois morceaux, une fois assemblés, réglés et scellés sur le site, permettent à l'utilisateur d'usiner des pièces d'une longueur donnée, satisfaisant ainsi la fonction principale : permettre l'usinage de pièces de 10 mètres de long. L'utilisateur de ces produits, bien que n'étant pas demandeur de ce type de fonction, aura néanmoins à s'en préoccuper quand il souhaitera les démonter, les entretenir ou les modifier.

Les fonctions techniques sont en quelque sorte les supports des fonctions de service. Sans elles, ces dernières ne pourraient pas être satisfaites.

Une bonne conception de produit se mesure à la proportion de fonctions techniques par rapport aux fonctions de service :

$$\frac{\text{fonctions de service}}{\text{fonctions techniques}}$$

On considère généralement que le rendement d'une solution, à cet égard, est bon lorsqu'il est compris entre 0,5 et 0,7. Il y a toujours des exceptions à cette règle qui, dans beaucoup de cas, n'est pas facile à mesurer. Elle conserve néanmoins un certain intérêt, car si le nombre de fonctions techniques était beaucoup plus grand que les fonctions de service, il y aurait lieu de se poser des questions et de chercher à inverser la proportion.

Les fonctions à prendre en compte au moment de l'analyse fonctionnelle diffèrent légèrement, selon qu'il s'agisse de concevoir un produit nouveau ou de reconcevoir un produit existant.

- *Produit nouveau*
  - — fonctions principales de service,
  - — fonctions complémentaires,
  - — contraintes.
- *Produit existant*
  - — fonctions principales de service,
  - — fonctions complémentaires,
  - — contraintes,
  - — fonctions techniques.

Pour un esprit bien entraîné, « un produit n'est pas un assemblage de composants mais un assemblage de fonctions ».

◆ *Les fonctions actives et passives*

Il est quelquefois utile de distinguer le nature de certaines fonctions dans le but de clarifier le langage, de mieux comprendre les enchaînements fonctionnels (voir le paragraphe FAST), de mieux faire la distinction entre les fonctions de service et les fonctions techniques.

Deux catégories de nature peuvent être considérées :

— les fonctions actives,
— les fonctions passives.

La notion d'activité prête souvent à discussion, dans notre propos elle est à considérer au sens physique du terme, l'activité nécessitant une dépense d'énergie.

Exemples de fonctions actives :

— transmettre un mouvement,
— soulever une charge,
— refroidir une pièce,
— assurer la climatisation.

La notion de passivité est dans ce cas synonyme d'inertie.

Exemples de fonctions passives :

— être esthétique,
— résister à la corrosion,
— réactionner l'effort,
— assurer la fixation.

4. LES FONCTIONS INUTILES OU NUISIBLES

Il est difficile de mettre en évidence des fonctions inutiles lors de l'analyse fonctionnelle d'un produit qui n'existe pas encore car, par définition, toutes les fonctions trouvées par une analyse fonctionnelle externe et inscrites sur le CdCF sont utiles, ou au minimum souhaitables, mais un cahier des charges marketing en partie erroné peut conduire à des fonctions inutiles.

Par contre, lors de l'analyse fonctionnelle interne d'un produit existant, il arrive quelquefois que l'on détecte des fonctions inutiles, voire nuisibles au bon fonctionnement du produit.

Examinons quelques exemples de fonctions inutiles :

— Dans un processus administratif, il n'est pas rare de détecter des fonctions redondantes qui n'apportent rien à la qualité du service. Ce sont des fonctions inutiles qu'une analyse de la valeur préconisera certainement de faire disparaître pour améliorer l'efficacité.

— Dans le domaine technique, il est possible de mettre évidence des fonctions inutiles, à l'exemple de certains caméscopes qui offrent des fonctions de montage dont très peu de personnes se servent, car bien insuffisantes en comparaison de ce qu'il est possible de faire avec un logiciel de montage sur ordinateur. Leur suppression peut faire réaliser des économies qui peuvent être employées pour améliorer d'autres organes de l'appareil, comme la qualité du capteur ou de l'objectif.

Les fonctions nuisibles sont heureusement plus rares. Elles sont difficiles à déceler en temps normal. Elles apparaissent souvent lors de dysfonctionnements qui ont fait l'objet d'une expertise, comme par exemple certains appareils de bord d'un avion dont la commande unique multifonctionnelle peut entraîner des erreurs de manipulation provoquant des conséquences graves.

Les fonctions inutiles ou nuisibles doivent faire l'objet d'une mise à jour du CdCF permettant de les exclure, surtout s'il existe un CdCF générique, afin de ne pas prendre le risque de répéter les mêmes erreurs au cours du lancement de nouveaux produits du même type.

5. LES CRITÈRES D'APPRÉCIATION

Les critères font partie des caractéristiques fonctionnelles, ils permettent de caractériser les fonctions.

La norme NF X 50150 donne une définition du critère d'appréciation : « critère retenu pour apprécier la manière dont une fonction est remplie ou une contrainte respectée ».

Une fonction se caractérise rarement par un seul critère.

> Un manche de raquette de tennis, dont la fonction principale est : *assurer la préhension de la raquette*, peut être caractérisé par les critères suivants :
>
> — longueur,
> — diamètre,
> — résistance,
> — état de surface,
> — forme de la section,
> — forme de l'extrémité,
> — consistance.

Il y a quelquefois confusion entre un critère et une fonction. Dans l'exemple de la raquette, faut-il retenir le critère « état de surface » ou faut-il exprimer une nouvelle fonction complémentaire qui serait : *être antidérapant*, dont un des critère serait : état de surface ?

Pour éviter cette confusion on peut considérer que *lorsqu'un critère peut être caractérisé par un autre critère, il doit prendre le rang de fonction*. Un autre exemple favorise la compréhension de ce qui précède.

Une lampe de bureau, dont la fonction principale est : éclairer un plan de travail, peut être caractérisée par les critères suivants :

— luminosité,
— température de couleur,
— dégagement de chaleur,
— forme de la nappe lumineuse,
— réglage de l'intensité lumineuse,
— consommation de courant.

On constate que le critère « réglage de l'intensité lumineuse » peut être caractérisé par un critère d'unité de lumière. Il est par conséquent plus logique de le désigner sous la forme d'une fonction complémentaire : *permettre le réglage de l'intensité lumineuse*, dont les critères seraient :

— nombre de lumens (niveau à déterminer),
— progressivité,
— etc.

Le mode d'expression des critères est le même pour toutes les natures des fonctions, principales, complémentaires, contraintes.

Certains critères peuvent s'appliquer à plusieurs fonctions, on dit alors que ce sont des critères généraux.

Il ne serait pas prudent de les noter une seule fois en regard de plusieurs fonctions, le risque serait d'omettre le critère en exploitant une fonction séparée des autres. Le CdCF doit comprendre toutes les fonctions identifiées et pour chacune d'elles le ou les critères correspondants, c'est plus sûr.

Dans tous les cas il est nécessaire d'accorder la plus grande attention à la détermination des critères. C'est grâce à eux que l'on peut mesurer le degré de satisfaction d'une fonction, surtout à partir du niveau qui caractérise chaque critère.

6. LES NIVEAUX

Précédemment, nous avons vu que les critères se définissaient par une désignation qui ne saurait suffire à les caractériser. Le niveau apporte la précision voulue.

Selon la définition de la norme NFX 50150, le « niveau [est] repéré dans l'échelle adoptée pour un critère d'appréciation d'une fonction. Ce niveau peut être celui recherché en tant qu'objectif, ou celui atteint pour une solution proposée. » Le niveau est généralement une valeur chiffrée pour tout ce qui est « objectif » et une référence pour tout ce qui est « subjectif ».

Dans le cas où les niveaux sont déjà précisés par une norme ou le cahier des charges d'un client donneur d'ordre, il peut être dangereux de reporter les valeurs sur le CdCF. Afin d'éviter des erreurs de transcription, il vaut mieux renvoyer au numéro de norme ou au paragraphe du cahier des charges considéré.

Voici quelques exemples de niveaux de critères de fonctions de divers produits n'ayant pas de rapports entre eux (pour le coefficient K voir chapitre 15 « La hiérarchisation des fonctions »).

CRITÈRES DE FONCTIONS

Fonction	*K*	*Critère*	*Niveau*
Être silencieux		Décibels	60 décibels
Être fiable		MTBF	1 000 heures
Être rapide		Vitesse	160 km/h
Être maniable		Masse	3 kg
		Volume	2 dm^3
Assurer la transmission de l'information		Ponctualité	Tous les matins avant 10 h
Être esthétique		La mode	Inspiration Hermès

Il n'est pas toujours possible d'attribuer des niveaux aux critères, comme le montre l'exemple suivant.

Fonction	*K*	*Critère*	*Niveau*
Conserver l'aspect initial		Aspect	—

Le cahier des charges fonctionnel est la description d'un résultat attendu. Celui-ci doit pouvoir être vérifié, c'est-à-dire mesuré ou apprécié. Cela suppose que les niveaux soient mesurables avec des moyens de mesure traditionnels ou spécifiques.

Ce dernier point concerne les niveaux de critères objectifs. Les niveaux de critères subjectifs, mesurés en établissant des relations appréciées par rapport à une référence, ne nécessitent pas le même degré de précision.

Selon les cas, les moyens de mesure ou d'appréciation des niveaux seront précisés dans les clauses techniques du cahier des charges général. Il serait inutile d'encombrer le CdCF de questions techniques particulières.

7. LA FLEXIBILITÉ ET LE TAUX D'ÉCHANGE

Selon la définition de la norme NF X 50150, « la *flexibilité* c'est un ensemble d'indications exprimées par le demandeur entre la variation du coût ou du prix et la variation correspondante du niveau d'un critère d'appréciation ».

Le *taux d'échange*, c'est le « rapport déclaré acceptable par le demandeur entre la variation du coût ou du prix et la variation correspondante du niveau d'un critère d'appréciation ».

◆ *La flexibilité*

Dans la majorité des cas, le niveau d'un critère peut être assorti d'une flexibilité c'est-à-dire une tolérance permettant de faire varier les valeurs à l'intérieur d'une fourchette prédéterminée.

Cette flexibilité apporte l'avantage de clarifier les limites d'un dialogue possible entre le demandeur et le fournisseur. Elle permet, dans certains cas, de choisir le procédé le moins coûteux pour satisfaire la performance la plus basse entrant néanmoins à l'intérieur de la fourchette de flexibilité.

Bien entendu, en dehors des limites basses de la flexibilité, le besoin est jugé non satisfait. Dans certains domaines, les valeurs des limites d'acceptation peuvent être choisies parmi des classes standard telles que des catégories de composants électroniques, des symboles de tolérances mécaniques, des classes de nuances métallurgiques, des références d'éléments standard, etc.

Le non-respect de la flexibilité entraîne le refus de la solution et peut par conséquent, conduire au refus du produit complet. De ce fait le demandeur doit être conscient des conséquences du choix des limites. Le fournisseur peut, dans certains cas, négocier la flexibilité avant qu'il ne soit trop tard.

◆ *Le taux d'échange*

Le taux d'échange, représenté par un rapport entre une performance et un coût, permet également le dialogue entre le demandeur et le fournisseur, ou plus simplement permet d'orienter une décision.

Accepterait-on de payer 1 500 € de plus une voiture pour disposer d'une vitesse de pointe supérieure de 15 km/h ?

Accepterait-on de payer 600 € de plus, la même voiture, pour limiter la pollution de l'échappement ?

Dans l'aéronautique, le respect du devis de masse a une grande importance mais la chasse aux kilos ne se fait pas à n'importe quel prix.

Combien peut-on dépenser pour gagner un kilo ? La notion de taux d'échange prend ici toute sa signification.

Exemple : le taux d'échange a été défini à 600 € le kilo. Une solution qui coûterait 750 € pour gagner un kilo ne serait pas recevable.

Le calcul inverse est tout aussi valable : Combien doit-on gagner pour perdre un kilo ?

Beaucoup de paramètres peuvent faire l'objet de taux d'échange. Selon les catégories de produits on peut trouver :

— certaines performances,
— la fiabilité,
— l'ergonomie,
— la miniaturisation,
— l'esthétique,
— etc.

A priori, on pourrait penser que les notions de coût ne concernent pas l'analyse fonctionnelle mais il est difficile de séparer complètement le coût des fonctions, surtout lorsque le coût est un critère d'acceptation d'un niveau d'une fonction.

La notion de taux d'échange peut figurer dans la colonne flexibilité du CdCF, mais dans les cas complexes où le calcul du taux d'échange demande un certain développement, il est bon de le mettre en pièce jointe.

Il est possible de définir des classes de flexibilité selon le niveau de négociation possible, comme le montre le tableau ci-après.

CLASSES DE FLEXIBILITÉ

Classe	*Flexibilité*	*Niveau de négociation*
F_0	nulle	impératif
F_1	faible	peu négociable
F_2	bonne	négociable
F_3	fonte	très négociable

Il est intéressant de faire figurer la classe de flexibilité sur le CdCF, notamment dans le cas d'un appel d'offres. Le soumissionnaire est ainsi averti par le demandeur de l'importance accordée à un niveau de critère et de l'attention qu'il doit porter à son étude.

La classe de flexibilité n'a pas de rapport direct avec l'importance accordée à la fonction elle-même (voir chapitre 15 « La hiérarchisation des fonctions »). En principe, lorsqu'un critère n'est pas caractérisé par un niveau, la satisfaction de ce critère est très négociable (F_3).

Le tableau précédent de la partie 6, complété par la flexibilité, se présente comme suit :

CRITÈRE DE FONCTIONS ET FLEXIBILITÉ

Fonction	*K*	*Critère*	*Niveau*	*Flexibilité*	*Classe*
Être silencieux		Décibels	60 décibels	0 ; – 10 Db	2
Être fiable		MTBF	1 000 heures	± 10 %	1
Être rapide		Vitesse	160 km/h	+ 5 ; – 0 km/h	1
Être maniable		Masse	3 kg	± 5 %	2
		Volume	2 dm^3	± 5 %	2
Assurer la transmission de l'information		Ponctualité	Tous les matins avant 10 h	+ 0 – 0 h 30	0
Être esthétique		La mode	Inspiration Hermès	—	3

10. L'ANALYSE FONCTIONNELLE EXTERNE

Lors de l'étude de marché concernant le lancement d'un produit nouveau, il est très difficile d'aller au-delà de la perception des fonctions principales d'usage ; or l'analyse fonctionnelle doit aller beaucoup plus loin ; il s'agit de recenser d'une façon exhaustive les fonctions à satisfaire.

Cette forme d'analyse est nommée *analyse fonctionnelle externe.* Le produit est considéré comme une *boîte noire* qui remplit des fonctions vis-à-vis de l'extérieur. La question qui se pose à ce moment là est : Qu'est-ce que le produit devrait faire pour satisfaire les besoins de l'utilisateur ?

Il sera possible dans un deuxième temps, lorsque le produit existera de l'observer et de se poser la question : Qu'est-ce qu'il fait réellement pour satisfaire les besoins de l'utilisateur ?

La comparaison des deux réponses permettra de vérifier si les fonctions requises sont bien satisfaites, s'il en manque ou s'il existe des fonctions inutiles.

Vous avez constaté, à travers les exemples de produits mal conçus, que lorsque certaines fonctions ne sont pas identifiées, la conception du produit est imparfaite. Il ne donne pas complètement satisfaction à l'utilisateur et, par conséquent, il ne correspond pas à la définition de la qualité : « aptitude à satisfaire les besoins des utilisateurs ».

La nécessité de considérer la construction de la qualité, et plus particulièrement la qualité fonctionnelle d'un produit, dès le début d'un programme, est démontrée par le graphique de la figure 6. La conception détermine :

— les fonctions,
— le choix des matériaux,

— le choix des composants,
— les dimensions,
— le design,
— les performances,
— le mode d'assemblage,
— les tolérances,
— etc.

Par conséquent la qualité et le coût sont engagés à hauteur de 70 à 75 % à la fin de la phase de conception.

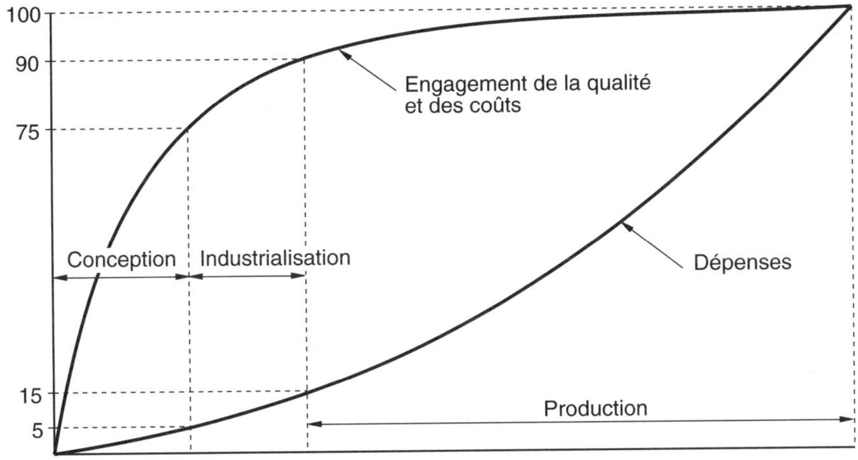

Figure 6 – Rôle de la conception dans la construction de la qualité et des coûts

1. LA PHASE D'INFORMATION

L'information est à la base de toute action. L'analyse fonctionnelle n'échappe pas à cette règle. Après avoir pris connaissance de la fiche-programme et, si nécessaire, avoir consulté le cahier des charges-marketing, l'animateur, aidé par les membres du groupe, va effectuer le rencensement de toutes les informations nécessaires pour mener à bien l'analyse fonctionnelle.

Les exemples suivants concernent les informations utiles à l'analyse d'un produit existant :

— ancien cahier des charges,
— plans et nomenclatures,
— spécifications techniques,

— liste et prix des composants achetés,
— gammes de fabrication,
— programme de production,
— tous les coûts de revient,
— les éléments sous-traités,
— les insatisfactions en production,
— les insatisfactions en utilisation,
— les invariants,
— etc.

Dans le cas où l'analyse doit s'effectuer en cours de la phase de développement d'un produit nouveau, il est nécessaire de s'informer également sur les points suivants :

— les plans du projet,
— les dossiers de calcul,
— les résultats d'essai du prototype,
— les études de design,
— etc.

L'analyse fonctionnelle peut s'effectuer dans le cadre de situations différentes pour lesquelles les informations nécessaires ne sont pas identiques.

— Un produit nouveau dont on commence l'étude.
— Un produit en cours d'étude au moment d'une revue de projet.
— Un produit existant que l'on désire améliorer par une remise en cause.

Pour la phase d'information, la participation du groupe de travail est essentielle. Chaque participant possède une part de l'information, comme le démontre le tableau ci-après :

RÉPARTITION DE L'INFORMATION
DANS LES DIFFÉRENTS SERVICES DE L'ENTREPRISE

	Marketing	*Commercial*	*B. études*	*Achats sous-traitance*	*Méthodes préparation*	*Qualité*	*Production*	*Après-vente*	*Entretien*
Besoin	×	×						×	
Fonctions	×	×	×		×		×		×
Coûts				×	×		×		×
Possibilité de réalisation				×	×		×		
Normes règlements			×			×			

2. LA REVUE DE PROJET

Dans le cas d'un programme commencé sans qu'on ait procédé à l'analyse fonctionnelle en temps voulu, il n'est pas trop tard de l'effectuer lors de ce qu'il est convenu d'appeler une revue de projet.

La revue de projet consiste généralement en un examen du dossier de définition, c'est-à-dire de tous les documents qui ont été élaborés, à un moment donné de l'étude. Il s'agit de vérifier si les solutions adoptées vont bien dans le sens des objectifs de la fiche-programme ou du cahier des charges du client.

Un groupe d'experts est réuni pour effectuer ce contrôle.

Avant qu'il ne soit trop tard, il est encore possible d'effectuer l'analyse fonctionnelle. Les objectifs seront ainsi précisés et le contrôle des solutions sera grandement facilité. La suite de l'étude se déroulera dans de meilleures conditions avec la perspective de réduire le nombre de revues de projet.

Le temps passé à réaliser l'analyse fonctionnelle peut quelquefois paraître long, mais il vaut mieux prendre le temps nécessaire et être sûr de ne rien oublier que de courir le risque d'omettre des fonctions en procédant à une analyse trop hâtive.

Pour indiquer un ordre de grandeur du temps à passer pour analyser un produit qui comporte une quarantaine de fonctions, deux journées sont suffisantes pour les identifier, les caractériser, les ordonner et remplir le cahier des charges fonctionnel.

À titre d'exemple, le tableau ci-après indique le nombre de fonctions de quelques produits.

EXEMPLES DE NOMBRES DE FONCTIONS PAR PRODUIT

Produit	*Nombre de fonctions*
Paire de lunettes de soleil	37
Valise semi-rigide	41
Système de conditionnement d'air d'un véhicule collectif	62
Prise de gaz dans une chambre de clinique	48
Tondeuse à gazon	34
Service achat d'une grande entreprise	42
Aspirateur	29
Appareil de soudage	26
Poste téléphonique multi-lignes	47

L'animateur d'un groupe d'analyse fonctionnelle est quelquefois embarrassé pour choisir le ou les outils méthodologiques appropriés à un type de produit déterminé.

Le chapitre relatif aux outils de l'analyse fonctionnelle de la norme NF X 50153 en recense plus d'une douzaine, très différents les uns des autres.

Il est évident que l'utilisation de tous les outils ne se justifie que pour des cas exceptionnels. Certains sont indispensables, d'autres sont facultatifs. Certains s'appliquent à un produit existant, d'autres sont mieux appropriés à l'étude d'un produit nouveau. Il ne faut pas confondre les méthodes d'analyse du besoin utilisées lors d'une étude de marché avec celles de l'analyse fonctionnelle. Le degré de finesse n'est pas le même.

Chaque approche permet de trouver une partie des fonctions. La somme des fonctions ainsi obtenue représente l'ensemble des fonctions du produit étudié.

Toutes les fonctions, assorties de leurs caractéristiques, seront récapitulées sur le *cahier des charges fonctionnel* (CdCF).

Commençons l'examen des différentes méthodes d'analyse par la méthode *Réseau*.

11. LA MÉTHODE *RÉSEAU*

Ayant été comme beaucoup d'animateurs confronté au choix d'outils divers d'analyse fonctionnelle externe, il m'est apparu utile de proposer une sélection de quelques-uns d'entre eux dont l'emploi conjugué donnerait satisfaction dans la majorité des cas ; j'ai intitulé cette sélection la méthode *Réseau*.

Réseau comme un groupe d'espions répartis judicieusement sur le territoire d'un pays afin de collecter et de transmettre tous les renseignements utiles à leur état-major.

Réseau comme l'ensemble des mailles d'un filet destiné à capter tous les poissons d'une zone de pêche.

Réseau comme une méthode permettant d'identifier, d'une façon exhaustive et dans un temps minimum, les fonctions à satisfaire par un produit.

Cette méthode convient à la recherche des fonctions de la majorité des produits, qu'ils soient objets, procédés techniques ou administratifs et les services. Elle résulte d'une large expérimentation. Son intérêt ne doit pas faire oublier qu'elle n'est qu'un instrument servant à stimuler un mode de pensée créatif. Elle n'est pas une fin en soi mais elle réalise l'unité dans la diversité des outils d'analyse fonctionnelle. Elle allie l'abstraction et l'imagination à la rigueur nécessaire à toute analyse. Elle comporte six phases. Chacune d'elles permet de déceler une partie des fonctions. L'ensemble des fonctions résulte de la somme des six phases.

Pour la bonne application de la méthode il est souhaitable de respecter le plan de travail suivant.

1. **R**echerche intuitive.
2. **É**tude du cycle de vie et de l'environnement.
3. **S**equential Analysis of Functional Elements (SAFE).
4. **E**xamen des mouvements et des efforts.
5. **A**nalyse d'un produit de référence.
6. **U**tilisation des normes et des règlements.

La méthode *Réseau* offre une garantie de résultat que ne saurait apporter un seul outil d'analyse. Commençons par l'examen détaillé de la première phase, la recherche intuitive.

1. RECHERCHE INTUITIVE

Comme son nom l'indique, cette phase fait appel à l'intuition, recherche spontanée ressemblant à un *brain-storming* pratiqué lors d'une séance de créativité.

La recherche intuitive a le mérite de placer le groupe en situation assez rapidement car tous les participants du groupe de travail recherchent les fonctions dans toutes les directions. Ces approches multidirectionnelles permettent de situer le produit sous différents éclairages. Cela aide à la mise en condition psychologique, étape nécessaire à la bonne compréhension du problème posé.

L'animateur veille à respecter les règles habituelles de la conduite de groupe, particulièrement en cherchant à éviter les critiques.

La recherche intuitive trouve sa meilleure efficacité quand elle respecte le plan de travail défini ci-après.

1. Rappel des objectifs

Examen de la fiche-programme ou, à défaut de celle-ci, du cahier des charges marketing complété par les objectifs définis par la direction de l'entreprise.

2. Consultation de la documentation

Examen des documents réunis par une phase d'information préalable. Cela est indispensable pour l'étude d'un produit existant ou en cours de définition.

3. Recherche des fonctions

Les participants émettent leurs avis, énoncent les fonctions qui leur viennent à l'esprit. Les fonctions sont notées au tableau par l'animateur, sans préoccupation de genre ni de classe, les unes à la suite des autres.

4. Critique

Un débat, largement ouvert, peut mettre en évidence des insuffisances, des redondances ou des fonctions inutiles.

5. Formulation

Il s'agit de mettre au point la désignation des fonctions par une formulation claire et précise.

6. Définition des caractéristiques

Pour chacune des fonctions, rechercher les *critères*, les *niveaux* et leur *flexibilité*. Les coefficients d'importance seront déterminés ultérieurement, lorsque toutes les phases de la méthode *Réseau* seront terminées.

7. Renseignement du cahier des charges fonctionnel (CdCF)

Le cadre du CdCF étant préparé, les fonctions sont notées avec leurs caractéristiques, dans l'ordre de leur identification. Cela constitue une première liste qui sera complétée par les autres phases de la méthode *Réseau*.

La recherche intuitive permet d'identifier assez bien les fonctions principales de service ou d'usage ainsi que quelques fonctions complémentaires dans le minimum de temps mais il serait très dangereux de s'en contenter. Il est prouvé, statistiquement, que 50 à 60 % des fonctions peuvent être trouvées de cette façon. C'est insuffisant. Cela revient à dire qu'un produit étudié à partir de ces bases donnerait satisfaction à l'utilisateur dans les mêmes proportions. C'est évidemment inadmissible.

La recherche intuitive a l'avantage de fournir rapidement des réponses, elle a l'inconvénient d'en oublier. Malgré les défauts de cette approche, le groupe de travail prend conscience, dans un délai très court, des fonctions essentielles du produit. Cet acquit favorise la démarche mentale nécessaire à l'application des autres phases de la méthode *Réseau*.

2. ÉTUDE DU CYCLE DE VIE ET DE L'ENVIRONNEMENT

◆ *Cycle de vie*

Avant de poursuivre l'analyse fonctionnelle avec les autres phases de la méthode *Réseau*, il y a lieu de déterminer quelles sont les étapes de la vie du produit afin de découvrir l'influence du milieu environnant sur chacune d'elles.

Le cycle de vie commence à la naissance industrielle du produit et se termine à la fin de son aptitude à l'usage et pour certains à leur destruction. Pour un produit fabriqué en série, le cycle débute à la sortie de la chaîne de fabrication, après le contrôle de bon fonctionnement. Pour certains produits il y a lieu de prendre en considération certaines étapes de son processus d'élaboration. Les opérations de maintenance sont également à prendre en compte.

Prenons l'exemple d'un appareil électroménager et examinons la correspondance entre les phases principales du cycle de vie et les fonctions (voir tableau). Dans un but de simplification, une seule fonction est indiquée en face de chaque phase, mais il peut en exister plusieurs.

Cette présentation peut paraître simpliste, car il manque les critères des fonctions pour mieux les comprendre. Pour la fonction « Être maintenable », les critères peuvent être les suivants :

— accès aux pièces d'usure,

— possibilités de test,

— commodité,

— ergonomie,

— sécurité.

Phases du cycle de vie	*Fonctions*
Sortie de chaîne de fabrication	Pouvoir être contrôlé
Manutention et emballage	Résister aux efforts de manutention
Stockage en usine	Résister aux conditions de stockage
Manutention	Résister aux chutes
Transport chez le distributeur	Résister aux vibrations du transport
Exposition	Résister aux rayons UV
Démonstration	Être convivial
Vente	Être esthétique
Livraison chez le client	Être manutentionnable
Installation et mise en service	Être ergonomique
Utilisation	Assurer la sécurité
Maintenance	Être maintenable
Fin de vie, élimination	Être démontable
Recyclage	Être recyclable

Cette étude des différentes étapes de la vie du produit a une grande importance pour l'analyse fonctionnelle. Certaines fonctions dépendent étroitement des phases les plus éprouvantes ou les plus délicates.

Par ailleurs, l'étude du cycle de vie peut, selon les cas, mettre en évidence des contraintes climatiques pénalisantes. Si le produit est susceptible d'être utilisé dans différentes régions du globe, le problème est encore plus complexe ; une zone polaire, un climat tropical, une région particulièrement humide, etc.

Lorsque le produit étudié est un composant d'un système, élément ou sous-ensemble, il convient de prendre en compte les étapes qui précèdent son intégration au système et son intégration elle-même : jonction réglage, assemblage, fixation, etc. Dans ce cas, ses fonctions peuvent avoir un caractère technique ou de service vis-à-vis du système.

◆ *Dysfonctionnements*

Les études de fiabilité interviennent généralement lorsque le produit est défini, c'est-à-dire après l'analyse fonctionnelle et l'étude des solutions. Les composants sont alors connus et les calculs concernent ceux qui sont identifiés comme étant sujets à des dysfonctionnements. La méthode AMDEC est bien adaptée à l'étude des défaillances, de leurs effets et de leur criticité (voir paragraphe 22.6).

Il est possible d'anticiper cette phase de l'étude au moment de l'analyse fonctionnelle, mais les composants du produit ne sont pas encore connus et le raisonnement concerne uniquement les fonctions.

Si une ou plusieurs fonctions ne sont pas satisfaites, quelles peuvent en être les conséquences ?

Prenons un exemple simple : une machine outils possède des protections pour éviter à l'opérateur de se blesser. Cette solution répond à la fonction « Assurer la protection de l'opérateur ». Dans le cas où cette protection n'est pas mise en place au moment ou la machine est en fonctionnement, une autre fonction apparaît « Permettre l'arrêt d'urgence de la machine en cas de dysfonctionnement ».

Au moment de l'étude du cycle de vie, il y a lieu de prévoir une phase « En dysfonctionnement » ou « En mode dégradé » ou « En état de défaillance ». Le choix des mots importe peu mais il s'agit de ne pas oublier les cas de défaillances fonctionnelles qui peuvent entraîner des dysfonctionnements du produit, avec les conséquences éventuelles qui peuvent en résulter.

Les fonctions relatives aux dysfonctionnements apparaissent quand se pose la question : que se passerait-il si cette fonction n'était pas satisfaite ?

◆ *Environnement*

Une constatation s'impose : un produit n'est jamais indépendant de son environnement. Dans la plupart des cas le produit doit s'adapter à son environnement. Mais il existe des cas où l'environnement doit s'adapter au produit notamment si ce dernier prend une position prépondérante dans son nouvel environnement.

La relation entre le produit et son environnement est quelquefois complexe, selon certaines phases de son cycle de vie l'adéquation du produit à l'environnement doit répondre à plusieurs variables.

- *Le produit est fixe au milieu d'un environnement mobile.* Exemple : élément d'un processus technique ou administratif, route, maison, etc.
- *Le produit est mobile au milieu d'un environnement fixe.* Exemple : automobile.
- *Le produit est mobile au milieu d'un environnement mobile.* Exemple : avion.

De plus, il faut distinguer le caractère de certaines situations, c'est-à-dire identifier si l'utilisation du produit s'effectue dans des conditions à caractère :

- *habituel,*
- *occasionnel,*
- *exceptionnel.*

Dans la plupart des cas, il est nécessaire de donner satisfaction aux conditions habituelles et occasionnelles. Par exemple : la toiture d'un immeuble, situé à 300 mètres d'altitude, doit résister aux intempéries habituelles : pluie, vent, grêle, et les occasionnelles : chute de neige. Faut-il calculer sa résistance pour qu'elle supporte une très forte chute de neige à caractère exceptionnel ? Tout dépend du risque encouru.

Dans la plupart des cas, donner satisfaction aux conditions exceptionnelles conduit à augmenter le coût d'une façon importante et quelquefois rédhibitoire mais il est bon de se poser des questions en temps voulu.

Pour les produits susceptibles de faire encourir des risques, assurer la sécurité est primordial. Il faut alors prendre en compte les conditions exceptionnelles. C'est le cas des produits aéronautiques et spatiaux tels que les avions, les hélicoptères, les lanceurs de satellites, etc.

Les méthodes d'analyse de risques, de sûreté de fonctionnement, tiennent compte des circonstances exceptionnelles.

Pour les produits ne présentant pas les mêmes risques et de surcroît économiques, il y a lieu de réfléchir au problème lors de l'établissement de la fiche-programme. L'analyse fonctionnelle en tiendra compte.

L'étude de l'environnement commence par la recherche et l'identification des éléments de l'environnement, appelés quelquefois éléments du milieu extérieur, à partir des phases du cycle de vie.

Les éléments de l'environnement peuvent être de différentes natures.

Les personnes

Les fonctions à satisfaire vis-à-vis des personnes peuvent intéresser tout ou partie des besoins naturels.

Les éléments physiques

La plupart des éléments de l'environnement entrant dans cette catégorie sont : les objets de toute nature, les composants de systèmes, un courant électrique, une source de chaleur, les intempéries, etc.

D'autre part, les relations ou les contacts avec le produit étudié peuvent être divers :

— contact permanent,
— contact intermittent,
— contact occasionnel,
— échange thermique,
— transformation chimique,
— influence électro-magnétique, etc.

Les éléments immatériels

— les règlements,
— les normes,
— les tendances,
— la mode, etc.

Tous les éléments évoqués précédemment sont *externes* au produit, mais lorsque le produit est « creux » tel qu'un emballage, un wagon, une maison, une automobile, etc., il faut également prendre en compte les éléments *internes* au produit. Pour un wagon de métro par exemple :

— les passagers,
— les vandales,
— le personnel d'entretien,
— la lumière artificielle,
— l'atmosphère interne,
— etc.

Selon les circonstances, les éléments externes peuvent devenir internes et réciproquement.

L'ambiance extérieure ou intérieure au produit est composée d'un certain nombre d'éléments qu'il convient d'identifier et de prendre en compte. On trouve selon les cas :

— température,
— hygrométrie,
— pression atmosphérique,
— dépression,
— brouillard,
— brouillard salin,
— pluie légère ou forte,
— orage,
— grêle,
— neige,
— verglas,
— glace,
— fumées,
— vent léger ou fort,
— tempête,
— détritus volants,
— sable,
— poussières,
— odeurs,
— bactéries,
— bruit léger ou fort,
— infra-sons,
— ultra-sons,
— vibrations,
— produits chimiques divers,
— soleil (rayons UV),
— lune,
— rayons X,
— insectes,
— ondes électro-magnétiques, etc.

Parmi tous les éléments de l'ambiance figurent la pluie, le vent, la température, etc. Il serait tentant de les regrouper dans une seule fonction « Résister aux intempéries », mais en raison des critères et des niveaux propres à chaque élément, il vaut mieux créer une fonction spécifique pour chacun.

◆ *Limites de l'environnement*

La détermination des limites de l'environnement permet de définir le cadre de l'étude. En l'absence de cette limite,la tentation de chercher des éléments de l'environnement n'ayant qu'un lointain rapport avec le produit perturberait le bon déroulement de l'analyse fonctionnelle. Il ne serait pas non plus justifié d'être très rigide sur ce principe et de refuser l'ajout d'un élément de l'environnement qui serait trouvé, à juste titre, pendant la recherche des fonctions.

À travers un exemple de recherche des limites de l'environnement, nous allons examiner quel est le genre de questions qui peuvent être posées.

Sujet : la mise en service d'une machine spéciale assez bruyante dans un atelier en étage.

Questions :

— L'environnement doit-il être limité au local où la machine doit être installée ?

— Doit-on prendre en considération les locaux voisins de même niveau ?

— Doit-on considérer également les étages inférieurs et supérieurs ?

— Faut-il prendre en compte l'ensemble de l'immeuble ?

— Peut-être faut-il penser à l'ensemble du quartier ?

La réponse dépend évidemment des informations précises concernant la machine et la nature des locaux environnants, réunies avant d'entreprendre l'étude.

◆ *Adaptation ou interaction*

Nous avons vu que, d'une façon générale, le produit doit s'adapter aux éléments de l'environnement. Afin de trouver les fonctions que le produit doit satisfaire vis-à-vis des éléments de l'environnement, il est recommandé de procéder en deux temps :

1. rechercher les fonctions d'adaptation du produit à un élément, et réciproquement ;

2. rechercher les fonctions qui résultent de l'interaction de deux ou plusieurs éléments à travers le produit.

Prenons l'exemple d'un arbre qui est un des éléments de l'environnement et d'une tondeuse à gazon. En cas de rencontre de la tondeuse avec l'arbre, la fonction à satisfaire est : ne pas abimer l'arbre.

Dans le sens opposé, la fonction à satisfaire est : résister au choc produit par la rencontre avec un arbre.

L'étude des solutions conduira peut-être à prévoir autour de la tondeuse un pare-chocs élastique pour ne pas blesser l'arbre et pour absorber le choc.

Il s'agit là de fonctions d'*adaptation* du produit à un élément de l'environnement et réciproquement.

Concernant le même produit, voici un exemple de fonction d'*interaction* entre deux éléments et le produit.

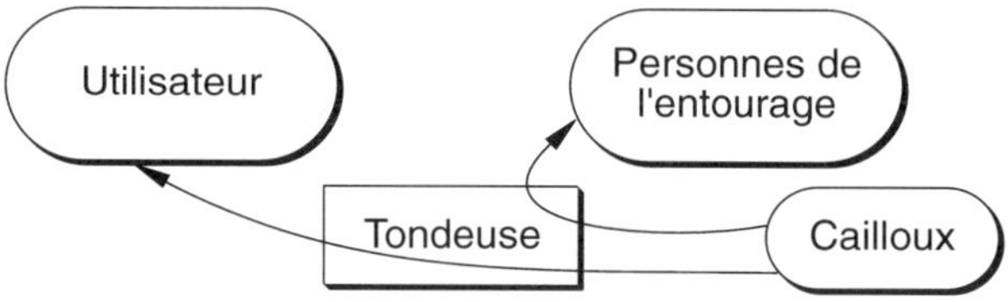

Des cailloux peuvent être projetés par la tondeuse et blesser l'utilisateur et les personnes de son entourage. La fonction à satisfaire est donc : éviter la projection de cailloux ou de détritus divers.

Une des solutions consistera peut-être à prévoir un carénage suffisamment résistant pour contenir les projections de cailloux.

Rappelons que la démarche consiste en premier lieu à rechercher tous les éléments du milieu environnant, d'une façon exhaustive car il est évident que le recensement incomplet du milieu compromettrait la suite de l'étude.

Un élément de l'environnement non identifié est synonyme de :

— fonction non identifiée,
— solution non étudiée,
— besoin non satisfait.

Le travail de groupe contribue beaucoup à la réussite de l'étude de l'environnement. Un travail individuel serait plus aléatoire.

À titre d'exemple le produit *sac de golf* doit être adapté à l'environnement interne et externe dont les listes suivent.

Sac de golf

Périodes du cycle de vie : déplacement, utilisation

Environnement interne

— clubs,
— balles,
— gant,
— carte de parcours,
— crayon,
— bouteille de boisson,
— paquet de cigarettes,
— sandwich ou petits aliments,
— imperméable,
— casquette,
— petits objets divers.

Environnement externe

— porteur,
— joueur,
— serviette,
— parapluie,
— chariot,
— étiquettes adhésives,
— inscriptions à la craie (douane),
— coffre de voiture/autocar,
— container d'avion,
— tapis roulant d'aéroport,
— chariot d'aéroport,
— supports de bagages,
— porte-bagages de voiture,
— ambiance :
  • pluie,
  • soleil (UV),
  • température,
  • vent,
  • poussières,
— vestiaire,
— sol :
  • herbe,
  • sable,
  • flaques d'eau,
  • rugosités,
— produits d'entretien,
— voleurs.

Pratiquement, il est utile d'établir un graphe qui permet de figurer les liaisons entre le produit et son environnement. Les liaisons sont effectuées au fur et à mesure que se déroule l'étude. Le groupe de travail peut ainsi visualiser rapidement l'état d'avancement de la démarche.

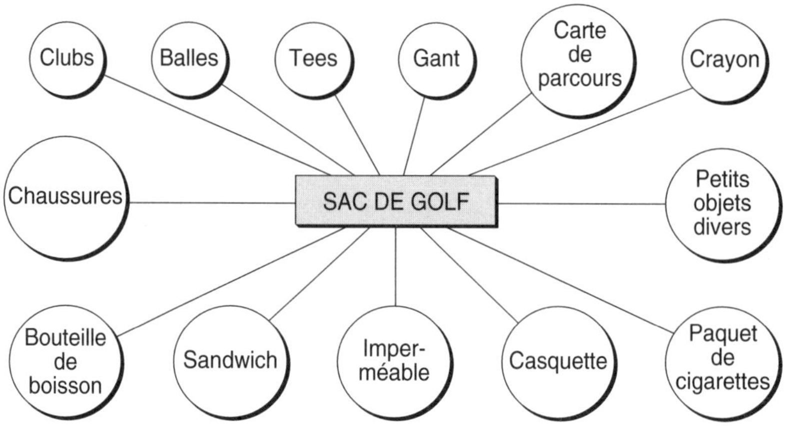

Figure 7 – Graphe des éléments de l'environnement interne

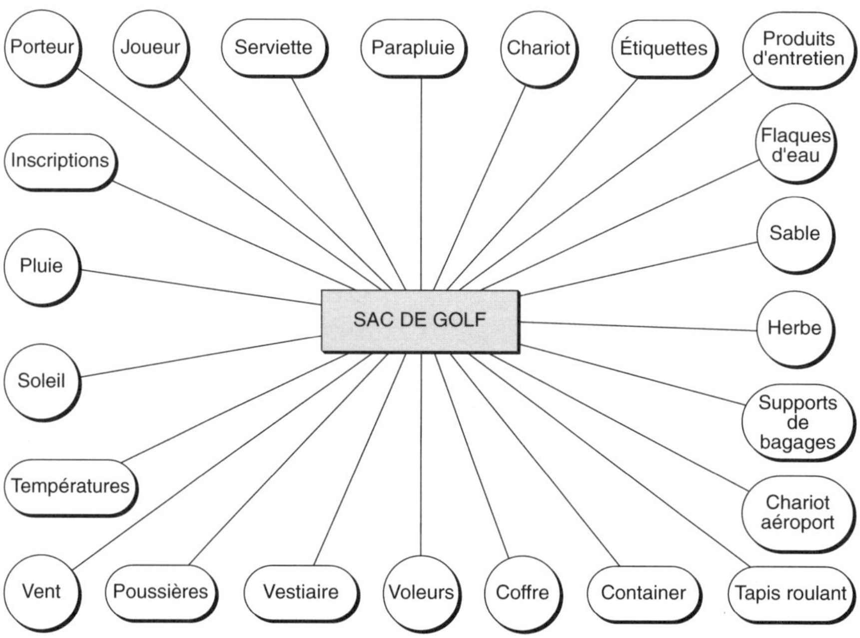

Figure 8 – Graphe des éléments de l'environnement externe

RÉSUMÉ

L'étude du cycle de vie et de l'environnement comprend les phases suivantes.

1. Définir le cycle de vie.
2. Identifier tous les éléments de l'environnement (interne et externe).
3. Déterminer les limites de l'environnement.
4. Rechercher les fonctions d'adaptation.
5. Rechercher les fonctions d'interaction.
6. Formuler les fonctions.
7. Caractériser les fonctions.
8. Compléter le cahier des charges fonctionnel.

3. LA MÉTHODE SAFE (*SEQUENTIAL ANALYSIS OF FUNCTIONAL ELEMENTS*)

Cette méthode américaine, analyse des séquences des éléments fonctionnels, a été imaginée dans le but de rechercher les fonctions d'un produit à travers l'étude des séquences des phases de son cycle de vie.

Il existe un point commun entre cette approche et la méthode précédente puisque le cycle de vie en est à la base. L'aspect le plus intéressant de la méthode SAFE est de s'intéresser particulièrement aux séquences d'utilisation du produit. L'analyse des séquences consiste à identifier toutes les opérations qui ont un rapport direct avec l'usage du produit et pour chacune d'elles à rechercher les fonctions qui s'y rapportent. En d'autres termes, il s'agit de se mettre à la place de l'utilisateur, de tenir également compte de l'environnement au moment où il utilise le produit et de rechercher quelles sont les fonctions à remplir durant cette période.

Il est possible, pour la bonne compréhension des membres du groupe de travail et la clarification de l'étude, de décomposer le mode opératoire en quatre catégories : les tâches, les séquences, les opérations, les phases.

- Une tâche correspond à un ensemble de séquences.
- Une séquence correspond à un ensemble d'opérations.
- Une opération comprend un ensemble de phases.
- La phase est l'unité d'action.

Dans la plupart des cas d'études, on simplifie l'approche en ne prenant en compte que les séquences. Il existe toutefois certains produits où il est nécessaire de descendre au niveau de la phase ; exemple : des systèmes électroniques ou des processus complexes administratifs ou techniques.

Deux cas peuvent se présenter :

— le produit existe,
— le produit est en cours d'étude (produit nouveau).

Si le produit existe il est peut-être possible de se procurer le mode d'emploi ou la gamme opératoire qui servira de guide à l'étude.

À défaut de ces documents, il faut :

— utiliser le produit en respectant l'ordre chronologique des séquences,
— noter la gamme opératoire,
— établir un graphe,
— chercher les fonctions qui se rapportent à chacune des séquences.

Le graphe peut être tracé de la droite vers la gauche. Cette représentation est peu familière car on serait tenté de faire l'inverse mais l'avantage de cette formule est de préparer les esprits à la logique du diagramme FAST que nous examinerons par la suite.

Prenons comme exemple le tracé des premières séquences de l'utilisation d'un aspirateur ménager électrique.

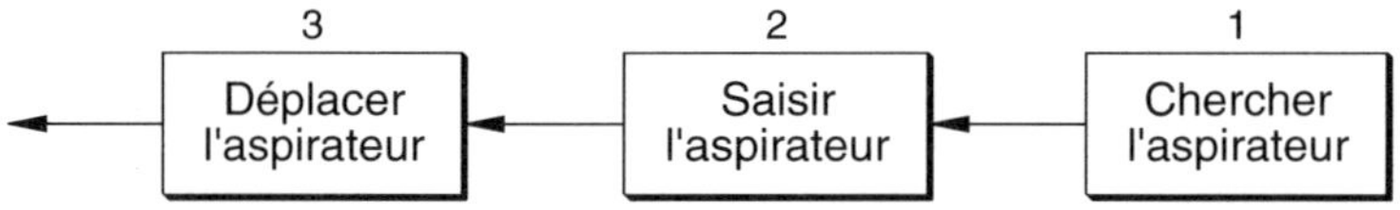

Après avoir tracé le graphe des séquences, le groupe examine celles-ci dans l'ordre et recherche les fonctions qui se rapportent à chacune d'elles.

Chercher l'aspirateur	*être identifiable*
Saisir l'aspirateur	*être préhensible*
Déplacer l'aspirateur	*être maniable* *être peu encombrant*

L'analyse se poursuit ainsi jusqu'à la dernière séquence d'utilisation, c'est-à-dire lorsque l'aspirateur se retrouve à l'endroit où il était entreposé.

Lorsque le produit est en cours d'étude, lorsqu'il n'est pas encore matérialisé, il faut en imaginer l'emploi et les différentes séquences qui en résultent.

Là encore le travail de groupe est bénéfique. L'effort d'imagination nécessaire pour se mettre à la place de l'utilisateur est facilité par les membres du groupe qui ont l'expérience des produits de la même famille. C'est souvent le cas dans les entreprises qui développent de nouveaux produits pour élargir une gamme existante.

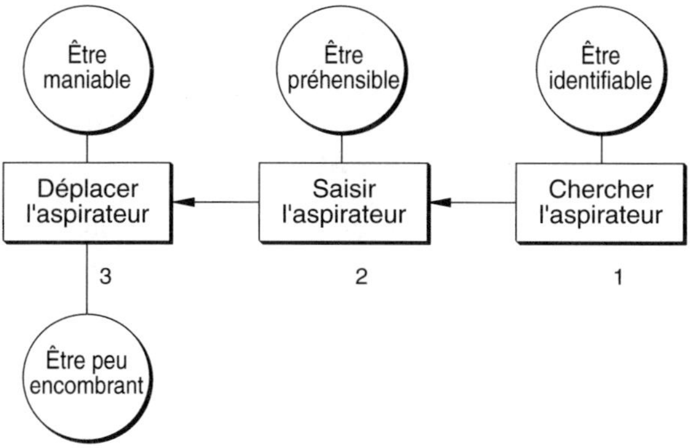

La méthode est peu différente de la précédente.

— Rappeler les objectifs de la fiche-programme.
— Examiner les projets.
— Imaginer la gamme opératoire.
— Établir le graphe.
— Identifier les fonctions.

Il ne faut pas omettre de prendre en considération les séquences qui n'ont pas de rapport direct avec les fonctions de service telles que la maintenance préventive ou curative.

RÉSUMÉ

La méthode SAFE comprend les phases suivantes.

1. Référence au cycle de vie précédemment défini.
2. Prendre en compte le milieu environnant précédemment défini.
3. Sélectionner les phases du cycle de vie qui méritent d'être décomposées en séquences.
4. Imaginer ou observer la gamme opératoire.
5. Établir le graphe des séquences.
6. Rechercher les fonctions à partir de chaque séquence.
7. Formuler les fonctions.
8. Caractériser les fonctions.
9. Compléter le cahier des charges fonctionnel.

4. EXAMEN DES MOUVEMENTS ET DES EFFORTS

Cette méthode concerne la plupart des produits « matériels » qui sont concernés par les mouvements et les efforts. Pour ce qui se rapporte aux produits du type processus administratif ou informatique, il est évident qu'ils ne sont pas concernés par les efforts et que seuls les mouvements sont à prendre en compte. Ces derniers sont alors des flux.

Pour ce qui concerne les produits du type objet, certaines méthodes d'analyse fonctionnelle présentent le risque de ne pas prendre en compte spécifiquement les mouvements et les efforts.

La résistance mécanique d'un produit est un facteur important de son aptitude à l'emploi et de sa fiabilité. À titre d'exemple, les produits suivants sont particulièrement concernés :

— véhicules,
— outillages,
— bâtiments,
— machines,
— composants de processus techniques,
— ouvrages d'art,
— composants de certains systèmes,
— sièges,
— etc.

Les fonctions qui résultent de cette phase d'analyse sont souvent des fonctions techniques. Rappelons que ce type de fonction a le rôle de soutien des fonctions de service. Sans les fonctions techniques, les fonctions de service ne pourraient être satisfaites.

Se fixer comme objectif, limité mais bien identifié, d'étudier le domaine des mouvements et des efforts apporte une contribution au caractère exhaustif de l'analyse fonctionnelle. Cela permet de déceler des fonctions de deux types.

— Actives, exemple : *assurer le déplacement.*
— Passives, exemple : *réactionner l'effort.*

Ces fonctions sont de caractère habituel ou occasionnel et dans certains cas exceptionnel. Rappelons que l'occasionnel et l'exceptionnel sont plus pénalisants, surtout lorsque le produit est utilisé à d'autres fins que celles pour lesquelles il a été conçu, comme le montre la figure 9.

Plusieurs cas de figure peuvent se présenter.

— L'ensemble du produit est concerné par les mouvements et les efforts.

— Une partie du produit est concernée.
— L'origine des mouvements et des efforts est interne au produit.
— L'origine est externe au produit.

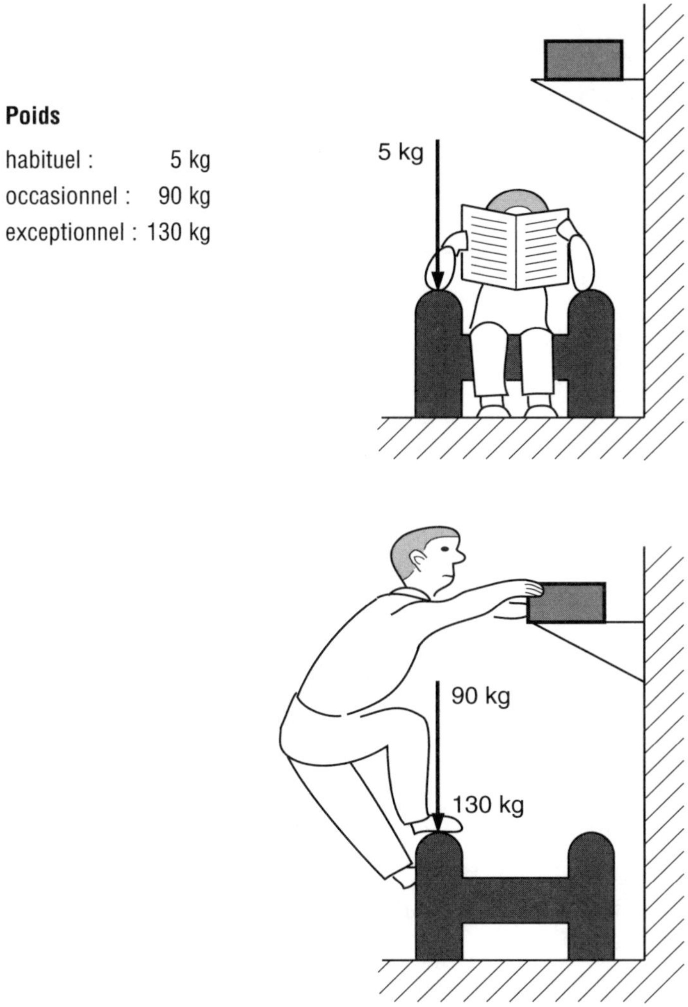

Figure 9 – Caractères de fonction

La figure 10 montre l'exemple d'une petite presse à sertir dont l'origine des efforts est : soit interne, soit externe.

Dans le premier cas, le bâti de la presse est auto-stable. Dans le second cas le bâti doit assurer une fonction supplémentaire : *permettre la fixation pour réactionner l'effort.*

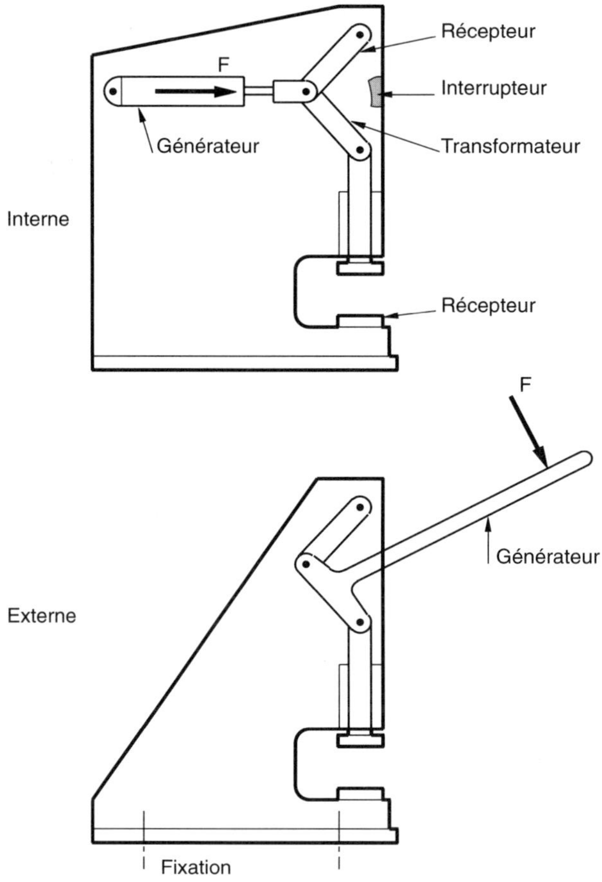

Figure 10 – Origine des efforts

Afin de faciliter l'identification des fonctions il est souvent utile de caractériser les mouvements.

— *Le genre :* circulaire, longitudinal, aléatoire, etc.
— *L'amplitude :* longueur, hauteur, etc.
— *L'enchaînement :* simultané, séquentiel, continu, alternatif, etc.
— *Le cycle :* durée totale d'une séquence.
— *La temporisation :* anticipation, décalage, retard, etc.

Si le produit n'existe pas encore (en cours d'étude), il est nécessaire d'établir un projet qui indiquera quels sont les efforts auxquels il sera soumis.

Si le produit existe, il est possible d'identifier les éléments concernés, ils peuvent être de plusieurs natures :

— *générateur :* origine d'un mouvement ou d'un effort (exemples : un moteur, un vérin hydraulique, etc.),
— *transmetteur :* sert de relai à un mouvement ou à un effort, par exemple, l'arbre à cames d'un moteur à explosion,
— *transformateur :* réducteur ou amplificateur (exemples : boîte de vitesse, transformateur électrique),
— *récepteur :* reçoit ou contient un mouvement ou un effort (exemples : butée, assise, fixation),
— *interrupteur :* arrête le mouvement ou l'effort (exemples : verrou, cliquet, fusible)...

Certains composants peuvent cumuler plusieurs fonctions.

RÉSUMÉ

L'examen des mouvements et des efforts comprend les phases suivantes :

1. Utiliser le cycle de vie précédemment défini.
2. Prendre en compte le milieu environnant précédemment défini.
3. Rechercher les éléments concernés.
   — générateurs,
   — transmetteurs,
   — transformateurs,
   — interrupteurs,
   — récepteurs.
4. Caractériser les mouvements.
   — genre,
   — amplitude,
   — cycle,
   — enchaînement,
   — temporisation.
5. Identifier la nature des efforts.
   — action,
   — interaction,
   — réaction.
6. Établir un graphe de flux.
7. Identifier les fonctions.
   — actives,
   — passives.
8. Formuler les fonctions.
9. Caractériser les fonctions.
10. Compléter le cahier des charges fonctionnel.

5. ANALYSE D'UN PRODUIT DE RÉFÉRENCE

Les démarches d'analyse fonctionnelle que nous venons de décrire permettent de recenser un grand nombre de fonctions mais une omission est toujours possible. Est-on certain de ne pas avoir besoin d'examiner des produits existants pour une vérification pratique ? Cela n'est pas toujours possible, surtout lorsque le produit étudié a un degré de nouveauté assez élevé, mais dans la plupart des cas il est possible de trouver un produit qui possède une certaine analogie. Les produits qui serviront à l'analyse peuvent avoir deux origines.

1. Interne à l'entreprise, dans ce cas il peut s'agir de produits antérieurs ressemblants ou de produits d'une même famille ou d'une même gamme et il n'y a pas de difficulté pour l'examiner, au besoin le démonter partiellement ou complètement.

2. Externe à l'entreprise, si le produit n'est pas très important et de surcroît d'un prix abordable, il est peut-être possible de se le faire prêter ou à défaut de l'acheter ; si le produit est important et d'un prix élevé, il est hors de question de recourir aux mêmes moyens, il faut alors rendre visite à un utilisateur et procéder sur place à l'analyse nécessaire.

Les questions posées à l'utilisateur peuvent concerner ses insatisfactions. Il sera utile d'examiner de près les critères de qualité tels que :

— l'ergonomie,
— la sécurité,
— la fiabilité,
— la disponibilité,
— la maintenabilité,
— etc.

Les terrains favorables à cette analyse sont également les salons et les expositions. La plupart d'entre eux sont sillonnés par des observateurs avertis qui examinent, généralement pour le compte d'entreprises concurrentes, les fonctions offertes par les produits mais également les solutions adoptées par les fabricants.

Ce double examen fonctions-solutions permet de situer sa propre étude, prendre conscience de certaines différences dans les objectifs de la fiche-programme, ou bien de confirmer son analyse fonctionnelle.

Il est rarement inutile.

Dans le domaine des produits nouveaux, c'est-à-dire ayant un pourcentage de nouveauté significatif par rapport au produit précédent, il est quelquefois profitable de faire des recherches dans le domaine des brevets. L'Institut National de la Propriété Industrielle (INPI) met à la disposition du public une salle d'archives qui permet la consultation des brevets. Il est possible d'acquérir des copies des brevets nationaux, européens, internationaux[1].

L'analyse d'un produit de référence fait appel à la démarche en trois temps citée au début du paragraphe.

- *Dématérialiser :* qu'est-ce que cela devrait faire ?
- *Observer :* qu'est-ce que cela fait ?
- *Analyser :* comparer les fonctions satisfaites aux fonctions à satisfaire, identifier les différences.

Lorsque l'analyse fonctionnelle s'inscrit dans le cadre d'une étude d'analyse de la valeur destinée à améliorer ou à diminuer le coût d'un produit existant, celui-ci devient le premier produit à examiner ; cela n'exclut pas, bien entendu, l'examen d'autres produits choisis parmi ceux qui présentent le plus d'intérêt comparatif. Il s'agit alors de recenser les fonctions satisfaites par les produits existants, de les critiquer, de déceler les fonctions manquantes ou inutiles.

La même approche peut concerner un produit complet ou l'un de ses constituants si l'étude concerne uniquement celui-ci.

Dans tous les cas il faut prendre garde à ne pas confondre les fonctions de service avec les fonctions techniques. Chaque fois que l'on examine un produit existant on se trouve en face de solutions accompagnées de leurs lots de fonctions techniques. Or ces dernières ne doivent pas être considérées comme immuables, puisqu'elles dépendent des solutions et que celles-ci peuvent être remises en cause.

RÉSUMÉ

L'analyse d'un produit de référence comprend les phases suivantes.

1. Procéder à l'analyse fonctionnelle à l'aide des phases précédentes de la méthode *Réseau.*
2. Analyser un produit existant dit de « référence » qui peut être le produit à étudier ou des produits analogues de l'entreprise ou de la concurrence.
3. Examiner les différences éventuelles entre l'analyse théorique et l'examen du produit de référence.
4. Identifier les fonctions nouvelles à prendre en compte.

1. INPI, 26 bis, rue Saint-Petersbourg, 75008 Paris (www.inpi.fr).

5. Formuler les fonctions.
6. Caractériser les fonctions.
7. Compléter le cahier des charges fonctionnel.

6. UTILISATION DES NORMES ET DES RÈGLEMENTS

Dans le recueil des normes françaises relatives à la gestion et à l'assurance de la qualité, B. Vaucelle, directeur général de l'AFNOR, écrit ceci :

« Les normes intègrent les principes, les lignes de force, et les dispositions fondamentales des référentiels qui couvrent en matière de gestion et d'assurance de la qualité l'approche conceptuelle et opérationnelle à des fins de gestion interne et l'approche opérationnelle en situation contractuelle. »

Les normes concernent toutes les entreprises qui sont soucieuses de maîtriser la conception de leurs produits. Sur le plan de la qualité, elles contribuent à apporter les informations utiles et à faciliter la preuve de cette qualité, à l'intérieur de l'entreprise mais également auprès de ses clients.

D'autre part la certification des entreprises et des produits fait largement appel au respect d'un certain nombre de normes fondamentales. Il en résulte que le développement d'un produit et son succès commercial sont tributaires de l'application de certaines normes.

Dans le cadre de cet ouvrage, il n'est pas question de faire l'inventaire du recueil des normes françaises, européennes ou étrangères ; nous voulons seulement attirer l'attention sur l'importance du domaine normatif.

Quand un industriel est titulaire d'un marché d'étude et de réalisation d'un produit pour le compte d'un donneur d'ordre, il est tenu contractuellement de respecter un cahier des charges. Dans ce cas, l'utilisation des règlements se fait obligatoirement.

Les différentes clauses précisent :

— les performances à atteindre,
— les conditions de recette,
— les conditions de garantie,
— les règles de maintenance,
— les normes et les règlements à respecter, etc.

Mais il arrive que le cahier des charges du client ne donne pas une vision complète de l'aspect fonctionnel du produit. Il est alors nécessaire de faire une analyse fonctionnelle pour clarifier les choses. Bien entendu cette analyse doit être menée à partir des bases du cahier des charges du client.

Lorsque l'industriel développe son propre produit la situation est différente. Il lui appartient de recenser les normes et les règlements en vigueur ayant un rapport direct ou indirect avec le produit.

Il lui appartient également de tenir compte des règles spécifiques de l'industrie ou de l'administration considérée.

Il résulte de l'examen de tous ces documents un certain nombre de contraintes dont il faut tenir compte dans l'analyse fonctionnelle.

Respecter une norme ou un règlement s'exprime sous la forme de fonction :

Respecter la norme...

Bien souvent la norme indique un niveau de critère à respecter. Le CdCF doit, sinon indiquer en clair les valeurs recommandées, rappeler le numéro de la norme en question.

On pourra, avec profit, consulter les normes françaises relatives à l'analyse de la valeur et au cahier des charges fonctionnel citées dans l'avant-propos.

Précisons que ces normes ont été élaborées à l'initiative et à partir des travaux de l'Association Française pour l'Analyse de la Valeur (AFAV[1]) en collaboration avec l'AFNOR.

D'autre part, il existe des normes ayant un rapport direct avec certaines phases de l'analyse fonctionnelle, telles que la NFC 20010 relative au degré de protection (IP) des personnes physiques ou des matériels contre :

— les contacts de parties sous tension,
— la pénétration de l'eau dans les matériels,
— les chocs mécaniques.

Par ailleurs des normes internationales préconisent l'utilisation de cahiers des charges fonctionnels dans le processus d'appels d'offres. Exemple : directive L297 du journal officiel des Communautés européennes concernant les secteurs : eau, énergie, transports, télécommunications.

1. AFAV : www.afav.asso.fr.

12. L'ANALYSE FONCTIONNELLE INTERNE

Comprendre comment fonctionne un produit en étudiant les fonctions remplies par ses constituants est nécessaire dans de nombreuses circonstances, exemples :

- Lors d'une revue de projet pour vérifier l'adéquation des solutions et des fonctions.
- Quand il faut modifier un produit pour diminuer son coût de revient.
- Pour améliorer le niveau de qualité d'un produit existant ou en cours d'étude.
- Afin de rédiger une notice d'emploi.
- Pour effectuer une étude de sûreté de fonctionnement.
- etc.

La compréhension du fonctionnement d'un produit est obtenue grâce à l'analyse fonctionnelle. Celle-ci porte sur les fonctions remplies par ses composants afin de bien comprendre le rôle qu'ils jouent les uns par rapport aux autres et vis-à-vis des fonctions de service assurées par l'ensemble du produit et attendues par l'utilisateur. Cette forme d'analyse est appelée *analyse fonctionnelle interne.*

Pour bien saisir cette approche, prenons l'exemple d'une montre dont la fonction principale de service est d'indiquer l'heure ; notons au passage que dans bien des cas c'est un signe de reconnaissance sociale.

Dans tous les cas un certain nombre de constituants de la montre jouent un rôle dans son fonctionnement, exemples :

— la pile donne l'énergie nécessaire ;
— le verre protège le cadran et les aiguilles tout en permettant de voir l'heure ;
— le boîtier contient le mécanisme ou l'électronique et le protège ;
— etc.

Certains constituants sont directement impliqués dans la satisfaction des *fonctions de service*, comme la pile dont la fonction est de fournir l'énergie nécessaire au fonctionnement. Alors que d'autres, comme une vis de fixation du mécanisme, sont impliqués dans les *fonctions techniques* pour assurer la fixation du mécanisme sur le boîtier.

Ce que nous venons de voir est apparemment simple : les fonctions de service d'un côté, les fonctions techniques de l'autre.

Et pourtant la situation est plus complexe qu'elle ne paraît.

En effet, du point de vue de l'utilisateur, un constituant assure une fonction technique, mais cette fonction technique peut être en même temps une fonction de service vis-à-vis d'un autre constituant du produit.

La vis de fixation, citée précédemment comme remplissant une fonction technique vis-à-vis de l'utilisateur, remplit une fonction de service pour le mécanisme car sans elle il ne pourrait pas tenir sur le boîtier.

L'analyse fonctionnelle interne met en évidence le rôle de chaque constituant et permet de bien comprendre le fonctionnement du produit.

La méthode des graphes de produits est bien adaptée à ce genre d'analyse.

13. LES GRAPHES DE PRODUITS

Le graphe de produits, appelé également schéma de flux fonctionnel ou bloc-diagramme, est le résultat graphique d'une approche basée sur l'étude des flux fonctionnels. Cette méthode fait appel aux notions de théorie des ensembles. Partant du principe qu'un produit est généralement constitué d'un certain nombre de composants reliés entre eux selon la cascade classique : ensemble, sous-ensemble, composant, il est possible d'étudier leurs relations au sens fonctionnel du terme. C'est la raison pour laquelle cette approche est utilisée essentiellement pour l'étude de produits existants pour lesquels on connaît : l'architecture, le nombre de composants et leur mode d'assemblage.

Cette méthode peut compléter la méthode *Réseau*, dans le cas d'un produit existant, afin de mettre en évidence les fonctions techniques et les fonctions de service. Son application à un produit nouveau nécessite de pousser l'étude à un point avancé pour faire ressortir la nature et le nombre des composants ainsi que leurs relations physiques.

Alors que les premières phases de la méthode *Réseau* recherchent dans l'absolu les fonctions que le produit non encore matérialisé devrait satisfaire en partant de l'expression du besoin et de la fiche-programme, la méthode des graphes de produits a besoin de s'appuyer sur un projet concret ou un produit existant. Elle permet de répondre à la question : qu'est-ce que cela fait ? Cette méthode est également utile pour « critiquer » une étude en cours, notamment au cours d'une revue de projet.

Examinons quels en sont les principes.

1. LES RELATIONS INTER-COMPOSANTS

Partant du principe que tous les composants d'un produit ont une certaine interdépendance et qu'ils concourent tous à la satisfaction de fonctions techniques ou de service, la première étape consiste à identifier leurs « contacts » sachant que *des flux fonctionnels passent par ces contacts.*

Prenons l'exemple d'un produit à base de mécanique, les contacts les plus fréquents ont les formes suivantes :

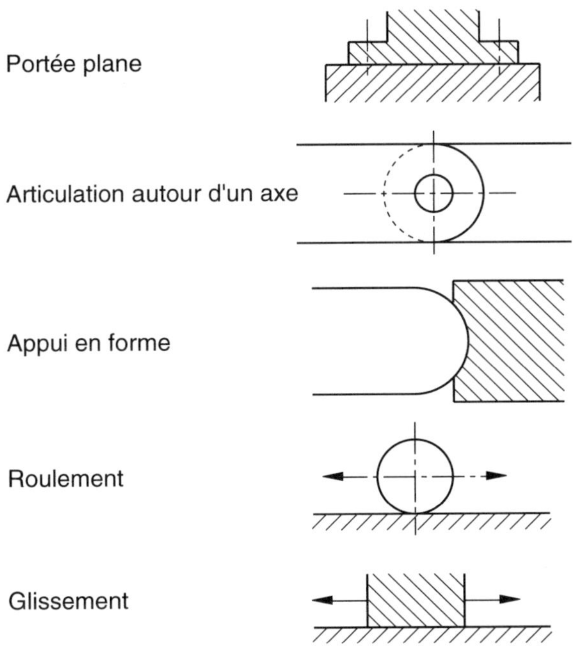

Figure 11 – Exemples de contacts mécaniques d'un produit

Dans le domaine des produits électriques ou électroniques les contacts sont d'une autre nature :

— contact électrique ponctuel,

— flux magnétique,

— etc.

Dans le domaine des processus techniques, les contacts peuvent provenir d'une suite d'éléments d'une chaîne de fabrication. Dans un processus de traitement de surface, les contacts susceptibles d'être pris en compte concernent peut-être l'immersion de pièces dans une cuve d'acide, etc.

Dans le domaine des processus administratifs, les contacts peuvent avoir lieu par téléphone ou par tout autre moyen de communication. Des documents en circulation peuvent être en contact avec plusieurs personnes. Le contact peut être visuel dans le cas de la réception d'une information sur un écran informatique.

Les contacts peuvent être permanents, par exemple une fixation, une connexion, une soudure, etc. Ils peuvent être aussi intermittents, par exemple un combiné téléphonique, un contact électrique de régulation, etc. À travers tous ces contacts passent des flux. Plusieurs flux peuvent passer par un seul contact.

2. LES FLUX

Un flux est un écoulement, un courant passant par des endroits déterminés. Il peut véhiculer des forces, du courant électrique, des informations, de la monnaie, des fonctions, etc. C'est ce dernier point qui nous intéresse pour l'analyse fonctionnelle. Deux natures de flux fonctionnels sont à considérer.

1. Les flux de service

Comme son nom l'indique, cette catégorie de flux concerne les fonctions de service ou d'usage. Les flux de service sont reconnaissables au fait qu'ils sont en contact avec un élément de l'environnement, soit à l'origine du flux, soit à son aboutissement. En d'autres termes, ils pénètrent dans le produit, circulent à l'intérieur et ressortent du produit pour rejoindre un élément de l'environnement.

Exemple : le conditionnement d'air d'un immeuble a pour fonction principale de service (parmi plusieurs autres fonctions principales) de renouveler l'air en circulation ; l'air est pris à l'extérieur et rejeté à l'extérieur.

Un deuxième exemple peut aider à la compréhension : le conducteur d'un véhicule est en contact avec le volant de direction. Le volant est en contact avec la colonne de direction. Celle-ci est en contact avec le boîtier de direction. Le boîtier est en contact avec les bielles. Celles-ci sont en contact avec les moyeux de roue. Ces derniers sont en contact avec les jantes qui elles-mêmes sont en contact avec les pneus, eux-mêmes en contact avec la route.

À travers cette chaîne de contacts passe un flux fonctionnel de service, car il relie deux éléments de l'environnement : le conducteur et la route. En effet, il s'agit de la fonction de service « Permettre de diriger le véhicule »

2. Les flux techniques

À l'opposé des flux de service, les flux techniques sont sans liaison avec les éléments de l'environnement. Ils n'entrent ni ne sortent du produit. On peut dire que ce sont des flux « bouclés ». Ils circulent à l'intérieur du produit en formant en quelque sorte des boucles. Comme leur nom l'indique ils véhiculent des fonctions techniques.

Exemple : dans un téléviseur, la fonction supporter le tube cathodique est interne au produit, c'est une fonction technique nécessaire à la satisfaction de la fonction de service qui est celle de montrer une image télévisée. Le flux de cette fonction technique a son origine et son aboutissement à l'intérieur du produit.

En reprenant l'exemple du système de direction d'un véhicule, examinons le boîtier de direction. Il est fixé sur la plate-forme par quatre boulons. À travers le contact boîtier-plateforme passe un flux technique (à travers les boulons) bouclé entre le boîtier et la plate-forme. La fonction technique qui en résulte est la suivante : « Assurer la fixation du boîtier sur la plate-forme ».

Il ne s'agit pas d'une fonction de service mais bien d'une fonction technique. Sans elle, la fonction de service ne pourrait pas être satisfaite, ce qui prouve bien le caractère important des fonctions techniques ; cela étant, dans une conception optimisée leur nombre ne doit pas dépasser le strict nécessaire.

3. LE RÔLE DES COMPOSANTS

Vis-à-vis des flux fonctionnels, les composants d'un produit peuvent être divisés en plusieurs catégories :

— générateur de flux,
— transmetteur,
— transformateur,
— récepteur,
— interrupteur.

Le rôle de chaque composant est mis en évidence par le tracé d'un graphe qui établit les liaisons fonctionnelles entre les différents éléments et l'environnement du produit.

4. LE GRAPHE

Si le produit est important et complexe, il est possible de recourir à la notion de cascade et de faire autant de graphes qu'il y a de sous-ensembles et ensuite de tracer un graphe de l'ensemble. Ce dernier représentera schématiquement tous les sous-ensembles constitués et les liaisons de leurs flux fonctionnels principaux.

Si l'étude concerne un produit existant, le graphe peut être tracé à partir des dessins du produit. Si le produit est en cours de développement, rappelons qu'il est nécessaire d'avoir fait un projet suffisamment détaillé permettant de visionner tous les composants utiles à l'établissement du graphe de flux.

Avant de tracer le graphe il est nécessaire de définir la représentation symbolique des composants, des éléments de l'environnement et des flux.

À titre d'exemple, il est possible d'adopter la symbolisation suivante :

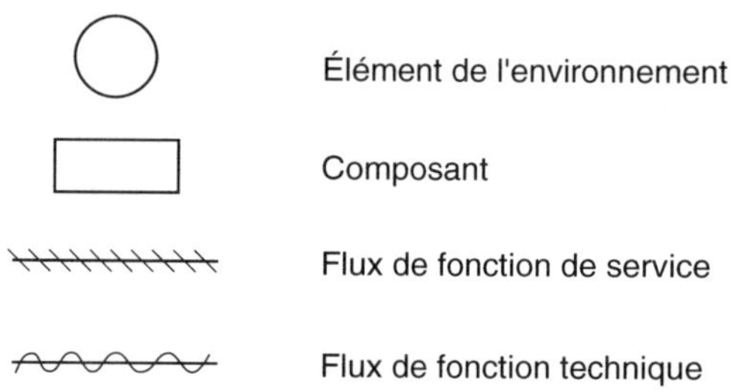

Figure 12 – Symbolisation des contacts

Si les membres du groupe de travail ne sont pas familiarisés avec une représentation symbolique de ce genre, c'est-à-dire complètement dématérialisée, il est prudent d'essayer de disposer sur le graphe les composants à la place approximative qu'ils occupent dans le produit. Ce n'est pas toujours possible mais il est souhaitable de le faire pour faciliter la compréhension.

Pour illustrer notre propos, nous avons figuré le graphe d'une agrafeuse à main (voir figures 13 et 14).

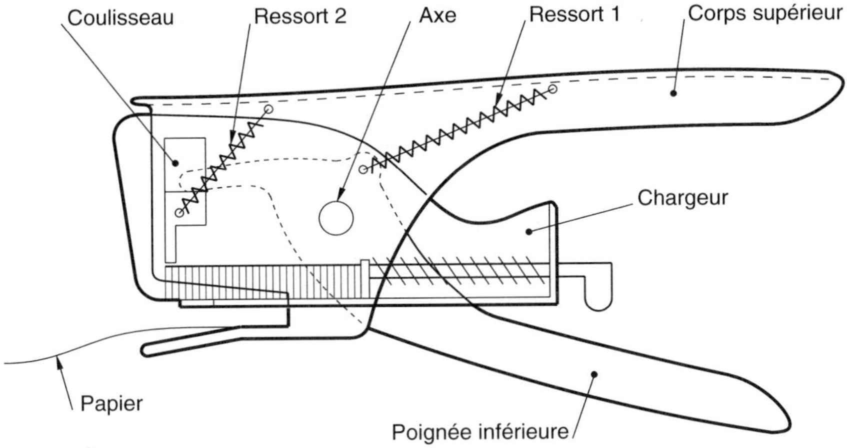

Figure 13 – Agrafeuse à main

En plus de ses possibilités d'analyse fonctionnelle, un graphe de produit permet de rechercher des solutions d'optimisation du produit. Les liaisons entre les composants et les fonctions font quelquefois apparaître des anomalies. Un composant peut, par exemple, n'être intéressé par aucune fonction. Son utilité est à remettre en cause. L'exploitation d'un graphe peut se faire dans trois directions.

1. Identifier les composants inutiles : examiner les passages des flux fonctionnels et recenser les composants non concernés ; étudier la possibilité de les supprimer ou de les modifier pour les rendre fonctionnels.

2. Optimiser les flux fonctionnels de service : chercher des simplifications de l'arborescence fonctionnelle, notamment en évitant les flux qui convergent puis qui divergent. Envisager des principes différents de conception qui chercheront à réduire le nombre de composants en les rendant multifonctionnels.

3. Simplifier les flux fonctionnels techniques : chercher à réduire le nombre de flux techniques en envisageant des principes de conception différents.

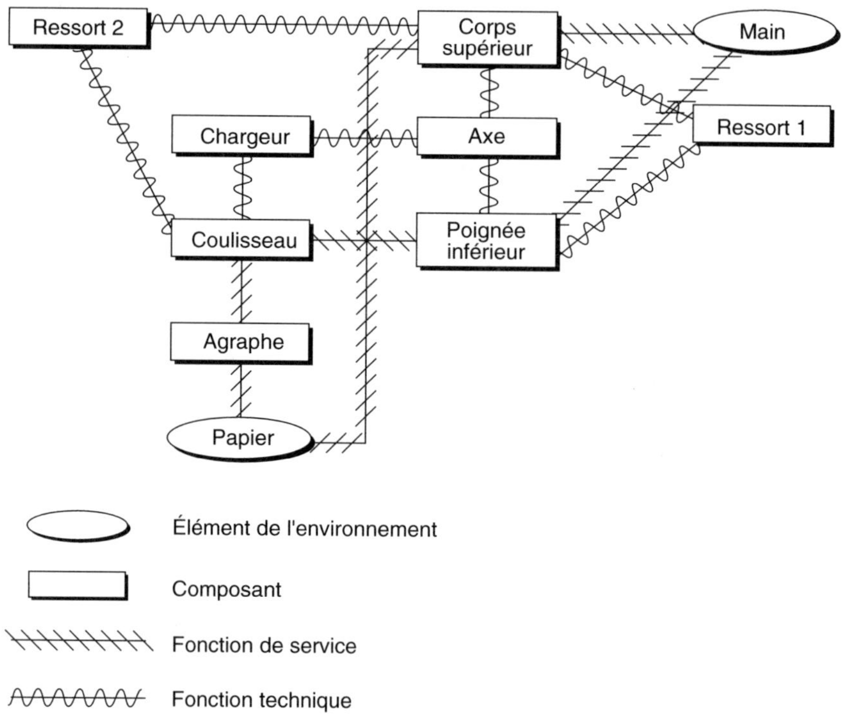

Figure 14 – Agrafeuse :
schéma de flux

Comme nous l'avons précédemment évoqué, le bon rendement d'une solution dépend de la proportion des fonctions de service par rapport aux fonctions techniques.

RÉSUMÉ

La méthode des graphes de produit comprend les phases suivantes.

1. Choisir un symbole pour les éléments du produit :
   — les composants
   — les flux de service,
   — les flux techniques.
2. Établir le graphe.
3. Tracer les flux de service :
   — identifier les contacts,
   — identifier l'inter-dépendance,
   — tracer les flux.
4. Tracer les flux techniques.
5. Identifier les fonctions.
6. Formuler les fonctions.
7. Caractériser les fonctions.
8. Établir le cahier des charges fonctionnel.
9. Étudier l'arborescence (pour le cas où le graphe est utilisé pour simplifier un produit) :
   — identifier les composants inutiles,
   — optimiser les flux fonctionnels de service,
   — simplifier les flux fonctionnels techniques.

14. LA MÉTHODE FAST (*Functional Analysis System Technique*)

L'application des méthodes d'analyse fonctionnelle décrites précédemment aboutit à l'identification d'un grand nombre de fonctions de toutes natures. Il faut toutefois constater que les fonctions ont été notées sur le cahier des charges fonctionnel sans respecter un ordre déterminé. Le CdCF ainsi établi devra être remanié pour trouver sa forme définitive.

La méthode FAST, imaginée par un Américain, Charles W. Bitheway, présente l'avantage d'ordonner les fonctions suivant un ordre logique. Cette méthode contribue à la clarification de l'état fonctionnel du produit et à la rédaction finale du CdCF. Les objectifs du FAST sont les suivants :

— ordonner les fonctions identifiées,
— vérifier la logique fonctionnelle,
— contrôler l'exhaustivité de l'analyse fonctionnelle,
— préfigurer le produit à travers sa logique fonctionnelle,
— servir de support à la recherche des solutions.

Nous verrons, après avoir explicité la méthode, comment le FAST peut satisfaire ces objectifs.

1. LA MÉTHODE

À partir de la liste des fonctions identifiées par les méthodes d'analyse fonctionnelle, la méthode consiste à identifier les fonctions qui s'appliquent à l'ensemble du produit et à les répertorier en marge du diagramme. Pour éviter d'encombrer celui-ci, les fonctions dites générales peuvent ne pas y figurer. Par exemple : résister à la corrosion, être esthétique, résister aux variations de température, etc. Ce type de fonction n'entre pas dans la logique fonctionnelle, mais il est bon de ne pas les oublier. Le fait de les avoir notées en marge permet de s'y reporter en cas de besoin.

Les fonctions restantes, qui sont en plus grand nombre, sont notées chacune sur une petite carte indépendante. Les cartes seront disposées les unes à côté des autres dans un ordre qui sera déterminé par les réponses à trois questions :

— *Pourquoi* cette fonction doit-elle être remplie ?

— *Comment* ?

— *Quand* ?

La construction du diagramme commence en plaçant à gauche la fonction de service principale. Il est admis que toute fonction située à gauche d'une autre est de rang supérieur car elle répond à la question *pourquoi ?*, c'est-à-dire qu'elle va dans le sens de la fonction supérieure du produit.

Toute fonction située à droite d'une autre est de rang inférieur, ce sont les fonctions que l'on doit réaliser pour satisfaire les fonctions principales.

Le graphe se construit progressivement sur une ligne baptisée « chemin critique ».

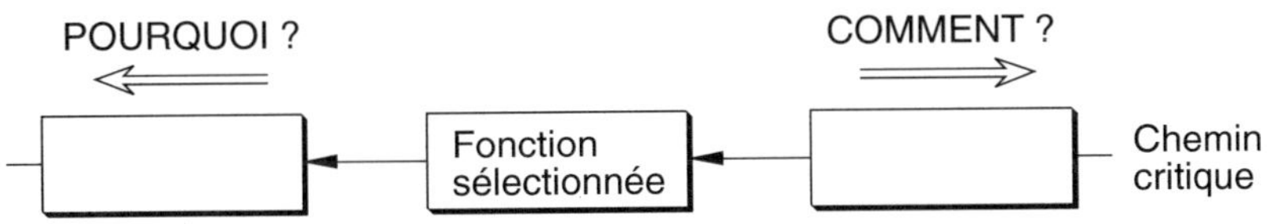

Enfin, les fonctions qui répondent à la question *quand ?* sont disposées au dessus ou en dessous des fonctions qui doivent être réalisées simultanément.

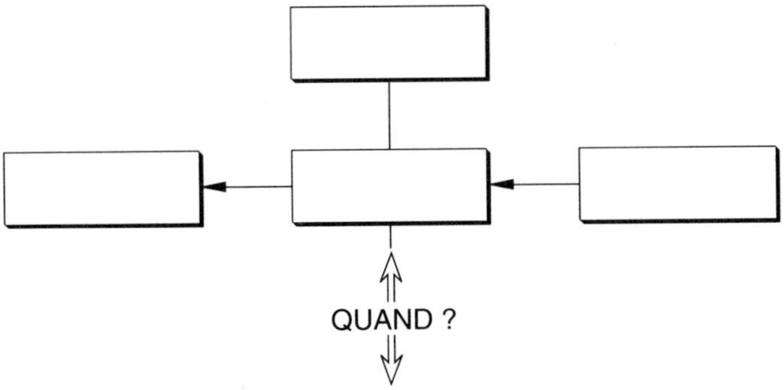

2. LA PRÉSENTATION

Pour illustrer ce qui précède, reprenons l'exemple de la tondeuse à gazon déjà cité, en considérant quelques fonctions extraites du CdCF et placées sur un FAST.

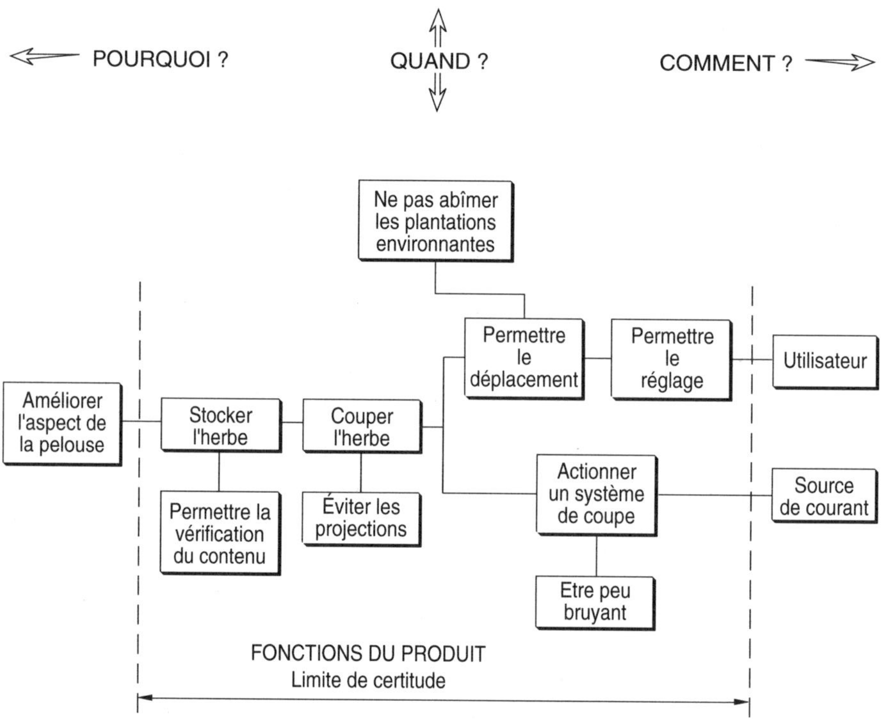

Figure 15 – FAST pour une tondeuse à gazon électrique

Le diagramme comporte à gauche et à droite deux lignes droites verticales (traits mixtes). Ces deux lignes marquent la limite de « certitude », c'est-à-dire la zone où sont comprises les fonctions propres au produit. Les fonctions notées à l'extérieur de ces limites ou, selon les cas, des éléments de l'environnement, n'appartiennent pas au produit.

Examinons le FAST précédent.

À gauche :

— améliorer l'aspect de la pelouse.

Cette fonction dépend de la façon dont la tondeuse est utilisée. C'est l'utilisateur qui choisit les endroits de coupe, non la tondeuse. L'aspect de la pelouse dépend de ce choix.

À droite :

— utilisateur,

— prise de courant.

Que l'utilisateur ne soit pas présent ou que la prise de courant n'existe pas sur le site, la tondeuse conserve la capacité de satisfaire les fonctions. Ces deux éléments sont donc extérieurs à la limite de certitude.

Pour illustrer à nouveau le diagramme FAST, nous choisirons un exemple extrait du domaine aéronautique.

Un débitmètre : il s'agit d'un système de mesure électronique dont la fonction principale est d'informer le pilote d'un avion commercial sur la consommation de carburant des moteurs.

Cette indication doit être exprimée en unités de masse au lieu d'unités de volume comme il est coutume de le faire dans d'autres domaines, dont l'automobile, en raison des différences de densité du carburant provenant de sources d'approvisionnement diverses.

Les informations utiles au système de mesure sont :

— la température du carburant,

— sa constante diélectrique,

— son débit volumique.

Un calculateur, intégré au système, prend en compte les différentes données, les exploite et indique le débit massique.

Trois contraintes sont à prendre en compte :

— l'utilisation d'un capteur volumique,

— l'emploi d'une sonde de température,

— la nécessité d'une cellule diélectrique.

Ces trois contraintes figureront sur le FAST en tant que fonction « contrainte » au même titre que les autres fonctions.

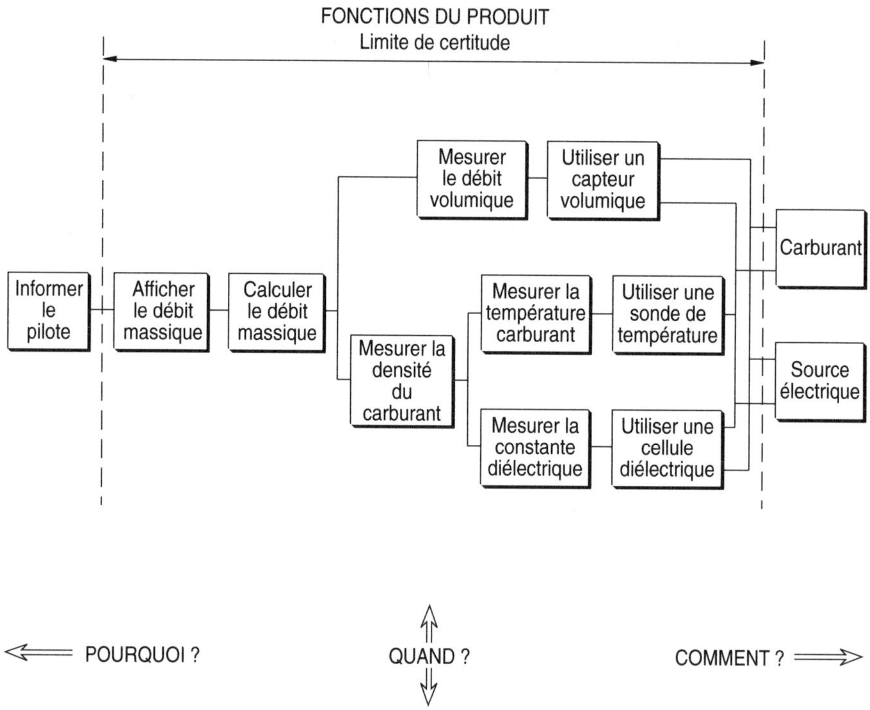

Figure 16 – FAST d'un débitmètre de carburant

3. VARIANTES DANS LA PRÉSENTATION

Il est quelquefois utile de positionner certaines fonctions sur le diagramme en tenant compte de leur importance relative. Cette disposition concerne surtout les enchaînements séquenciels qui nécessitent des réponses multiples.

Plusieurs cas peuvent se présenter.

1. Deux fonctions de la même importance doivent être satisfaites en même temps.

Elles seront disposées à égale distance du chemin critique.

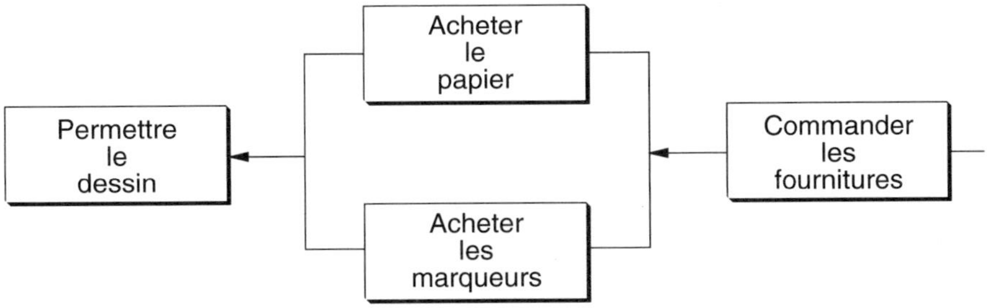

2. Deux fonctions n'ont pas la même importance mais doivent être satisfaites en même temps.

La plus importante reste sur le chemin critique.

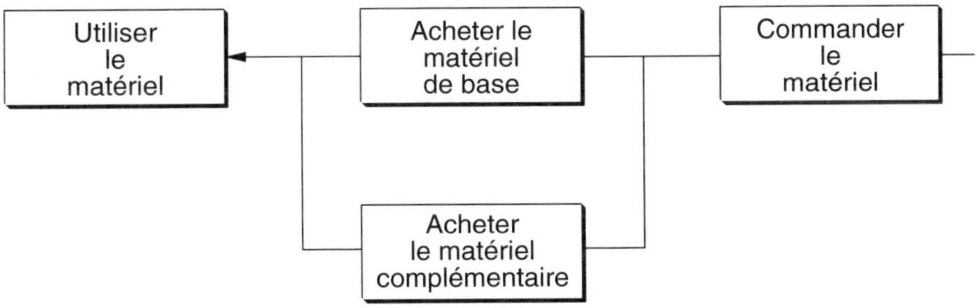

3. Deux fonctions A et B sont maintenues en première analyse comme étant susceptibles, l'une ou l'autre, de répondre au besoin (le choix sera fait ultérieurement).

Les deux fonctions sont sur des chemins critiques différents mais sont placées à égale distance de la fonction suivante.

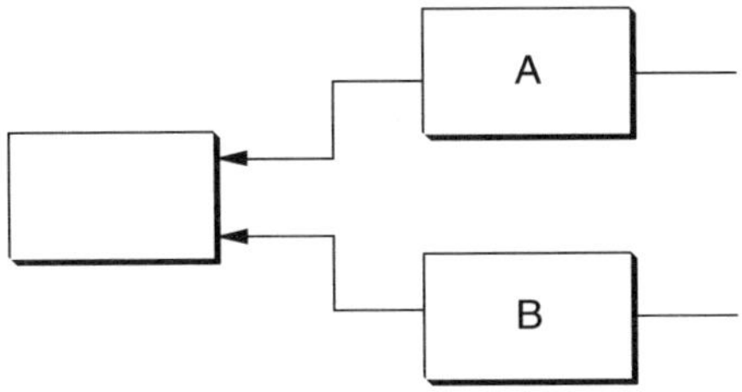

4. Parmi les deux fonctions A et B du cas précédent, la fonction B est de moindre importance.
La plus importante reste sur le chemin critique.

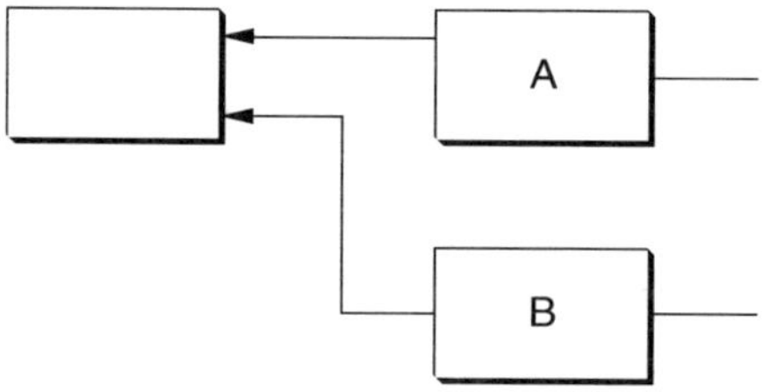

Par ailleurs une fonction qui répond à la question *quand ?* peut, dans certains cas, ne pas être satisfaite exactement au même moment. Elle peut précéder ou suivre la fonction située sur le chemin critique sans toutefois que ce décalage nécessite de la placer sur le chemin critique avant ou après la fonction. Elle sera représentée sur le diagramme avec un léger décalage par rapport à la verticale.

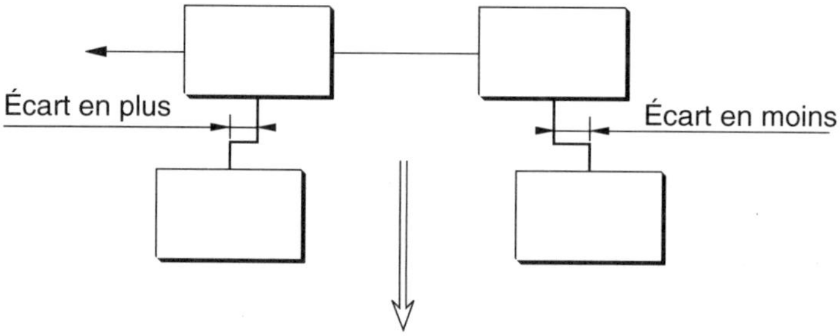

Le FAST est une bonne méthode pour établir et visualiser la logique fonctionnelle. Les débats suscités au sein du groupe de travail pendant sa construction et surtout pour obtenir un consensus permettent de clarifier la situation, c'est une retombée non négligeable.

Le FAST est un système dont les réponses ont des limites :
— il n'indique pas comment une fonction doit être satisfaite,
— il n'indique pas à quel moment précis elle doit être satisfaite,
— il n'indique pas par qui ni avec quel niveau de résultat.

Mais il indique quelles sont les relations entre les fonctions et la chronologie de leur satisfaction. Il n'existe pas un modèle FAST de référence. Son degré de validité dépend de la compétence des membres du groupe de travail.

Le FAST n'est pas achevé tant que le consensus du groupe n'est pas obtenu.

RÉSUMÉ

Le tracé d'un diagramme FAST comprend les phases suivantes.

1. Prendre connaissance des fonctions identifiées par l'analyse fonctionnelle.
2. Identifier les fonctions générales.
3. Noter chacune des fonctions restantes sur une carte.
4. Disposer sur la gauche du graphe les fonctions de rang supérieur.
5. Disposer les autres fonctions dans un ordre logique en répondant aux questions : *pourquoi ? comment ? quand ?*
6. Contrôler l'exhaustivité en vérifiant la logique fonctionnelle.
7. Compléter, si besoin, le cahier des charges fonctionnel.

15. LA HIÉRARCHISATION DES FONCTIONS

Nous avons indiqué précédemment que *toutes* les fonctions identifiées par l'analyse fonctionnelle doivent être satisfaites. Cela concerne les fonctions principales, complémentaires, contraintes. Mais leur accorder, à toutes, la même importance serait une commodité d'analyse qui ne correspondrait pas forcément avec l'opinion des clients-utilisateurs.

En reprenant l'exemple de la tondeuse à gazon, peut-on accorder la même importance à la fonction *couper l'herbe* et à la fonction *avoir un rayon d'action suffisant* ?

Il existe une méthode simple, employée fréquemment, qui consiste à attribuer un coefficient d'importance à chaque fonction après son identification. Il serait prématuré d'attribuer les coefficients avant que l'analyse fonctionnelle ne soit terminée car il s'agit de déceler une importance relative.

Une échelle de coefficients de 1 à 5 est généralement suffisante mais pour des cas délicats il est possible d'utiliser une échelle de 1 à 10. Notons toutefois que plus l'échelle est fine plus elle est susceptible de provoquer des débats inutiles dans le groupe de travail et de déclencher ce qu'il est convenu d'appeler une bataille d'experts.

ÉCHELLE DES COEFFICIENTS

k	*Importance*
1	Souhaitable
2	Nécessaire
3	Importante
4	Très importante
5	Vitale

Lorsque certaines difficultés apparaissent pour obtenir le consensus du groupe sur le choix d'un coefficient, il est possible d'avoir recours à la méthode du tri-croisé.

Cette méthode est basée sur la comparaison de l'importance d'une fonction par rapport à toutes les autres en lui attribuant une note de 1 à 3 :

1. peu supérieure,
2. supérieure,
3. très supérieure.

Exemple : six fonctions sont à comparer.

F_1 par rapport à F_2 = F_2 est supérieure (note 2)

F_1 par rapport à F_3 = F_1 est très supérieure (note 3)

etc.

TABLEAU DE COMPARAISON DES FONCTIONS

	F_2	F_3	F_4	F_5	F_6
F_1	F_2 2	F_3 1	F_4 1	F_5 3	F_1 2
F_2		F_2 1	F_4 2	F_2 3	F_6 1
F_3			F_3 3	F_5 1	F_6 1
F_4				F_4 2	F_6 1
F_5					F_5 2

Somme des notes

$F_1 = 2$
$F_2 = 6$
$F_3 = 4$
$F_4 = 5$
$F_5 = 6$
$F_6 = 3$

26

Le pourcentage attribué à chaque fonction est le suivant :

fonction	1	=	7,7 %
	2	=	23,0 %
	3	=	15,5 %
	4	=	19,3 %
	5	=	23,0 %
	6	=	11,5 %
			100

L'histogramme correspondant est le suivant :

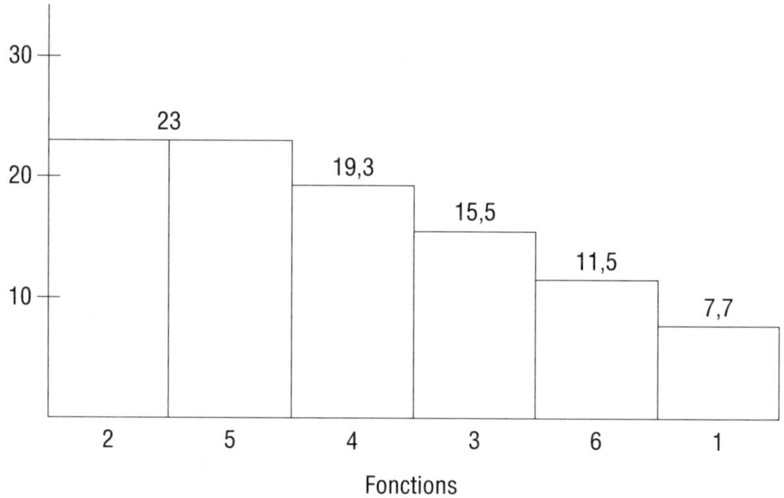

La hiérarchisation des fonctions permet éventuellement de donner des priorités. C'est quelquefois le cas, notamment dans le cadre d'une étude de « conception pour un coût objectif » où il est impératif de respecter un budget. Si celui-ci ne permet pas de donner satisfaction à toutes les fonctions, il est nécessaire d'en sacrifier quelques-unes mais avec discernement. En aucun cas des fonctions de K 5, 4, 3, ne seront sacrifiées.

Dans le cas où le CdCF est utilisé pour un appel d'offres, il n'est pas toujours nécessaire de faire figurer le coefficient d'importance de la fonction. La classe de flexibilité de niveaux des critères suffit à caractériser le besoin du demandeur (F_0, F_1, F_2, F_3).

16. LA VALORISATION DES FONCTIONS

En partant du principe « *un produit est un assemblage de fonctions* », un des paramètres de mesure de l'importance d'une fonction est son coût. N'oublions pas que l'analyse fonctionnelle n'est pas une fin en soi ; elle prépare les autres étapes de la conception ou de la reconception d'un produit. Le coût n'est pas absent de ces démarches.

En réalité, lorsque l'on achète un produit on achète des fonctions et non des composants. Que le produit (prenons l'exemple d'un poste de radio) comporte 90 composants ou 25, cela n'est pas le premier souci de l'utilisateur. Celui-ci demande surtout que le poste de radio offre toutes les fonctions qu'il souhaite.

Chiffrer le coût d'une fonction permet de mesurer sa *valeur* c'est-à-dire son rapport *utilité/coût* pour l'entreprise, ou pour le grand public, son *rapport qualité/prix*. La connaissance du coût des fonctions permet de mesurer les conséquences économiques de la suppression ou de l'ajout d'une fonction.

Une grande précision n'est pas indispensable. La valorisation des fonctions n'est pas comparable à l'établissement d'un devis commercial. Il ne s'agit pas de rechercher le même degré de finesse. Disons que le but à atteindre est de trouver le « poids économique » des fonctions et non un coût précis.

La connaissance du poids économique permet de juger notamment si les fonctions principales participent au coût de l'ensemble dans une juste mesure, ou au contraire si les fonctions complémentaires n'ont pas un coût plus élevé que celui des fonctions principales. Cette réflexion permet de focaliser l'attention sur certaines anomalies et de corriger la conception avant qu'il ne soit trop tard.

Attribuer une valeur de coût à une fonction s'appelle la *valorisation*. Comme dans beaucoup de domaines, on ne peut pas chiffrer à partir de bases insuffisantes, il faut disposer de certaines informations qui peuvent différer selon les cas.

1. Le produit existe

Dans ce cas, en principe, il existe des plans, des nomenclatures de composants dont on connaît les coûts, le mode d'assemblage et le coût associé.

C'est le cas le plus favorable. Le coût de l'assemblage peut être compté séparément ou inclus en partie dans chaque composant.

2. Le produit n'existe pas encore

Le produit est en projet ou en cours d'étude. Dans ce cas, il est nécessaire de disposer des plans du projet suffisamment avancés pour visualiser les composants à prendre en compte. Il faut ensuite procéder au chiffrage prévisionnel des coûts de ses composants et de leur assemblage. En réalité il faut essayer de se retrouver dans la situation du cas précédent en acceptant une certaine marge d'erreur proportionnelle au degré de finesse des informations disponibles.

La méthode utilisée pour la valorisation des fonctions consiste à établir un tableau à double entrée sur lequel on fait figurer les informations suivantes :

— les fonctions à chiffrer,
— les composants ou les pièces du produit impliqués dans les fonctions,
— le coût de chaque composant,
— le coût total du produit.

Le but de la méthode est de trouver, à partir de ces données, le coût des fonctions.

VALORISATION DES FONCTIONS

Fonctions \ Composants	1	2	3	4	5	Coûts des fonctions
A	–	10	–	8	10	28
B	2	–	5	2	–	9
C	3	15	–	–	–	18
D	–	15	–	5	–	20
E	5	–	–	10	10	25
Coût des composants	10	40	5	25	20	100 Coût total

Si un composant est en totalité affecté à une seule fonction, la totalité de son coût est attribuée à celle-ci. Exemple : le composant 3 est affecté uniquement à la fonction B.

Si un composant est concerné par plusieurs fonctions, c'est la majorité des cas, il faut attribuer une part de son coût à chacune, en proportion du pourcentage de sa contribution. Exemple : dans le tableau précédent, le composant 1 est concerné par les fonctions B, C, E.

La première opération consiste à établir la relation entre le composant et les fonctions en répondant à la question suivante : Est-ce que le composant 1 est intéressé par la fonction A ? *Non*. Est-il intéressé par la fonction B ?*Oui*.

Et ainsi de suite…

Quant les relations sont toutes établies on cherche à déterminer, en pourcentage, quelle est la part du coût du composant correspondant à la fonction. Exemple : le composant 1 coûte 10 €.

Le groupe de travail évalue la décomposition de son coût dans les proportions suivantes :

— 20 % pour la fonction B,

— 30 % pour la fonction C,

— 50 % pour la fonction E.

Les pourcentages sont ensuite transformés en valeur absolue :

— B = 2 €,

— C = 3 €,

— E = 5 €.

Quand le groupe de travail dispose, dans le cas d'un produit existant, des gammes de fabrication et des chiffrages détaillés des opérations, il lui est plus facile de déterminer la répartition des coûts avec plus de précision. Rappelons toutefois qu'il s'agit de faire une évaluation plutôt qu'un chiffrage exact. En reprenant l'exemple du tableau précédent, on constate que l'histogramme qui en résulte représente les coûts des fonctions de la manière suivante.

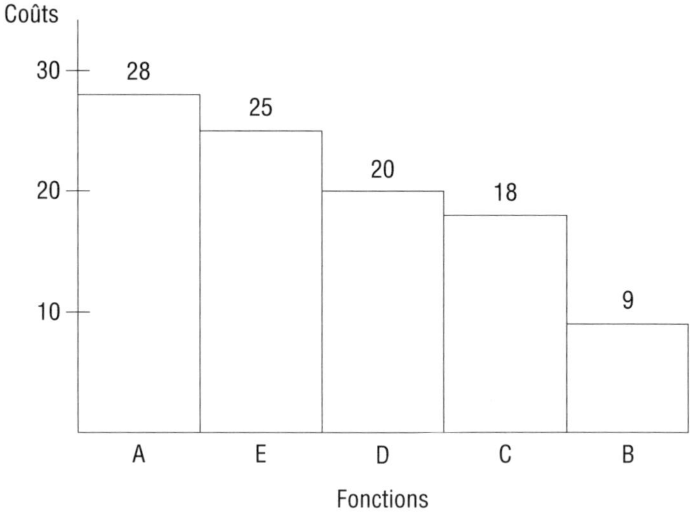

RÉSUMÉ

La valorisation des fonctions comprend les phases suivantes.

1. Tracer un tableau à double entrée : fonctions/composants.
2. Établir la correspondance entre les composants et les fonctions.
3. Estimer en % la part des coûts attribuée à chaque fonction.
4. Transformer les % en coûts.
5. Sommer les coûts partiels pour obtenir le coût des fonctions.

17. LE CAHIER DES CHARGES FONCTIONNEL

Traditionnellement la définition préliminaire d'un produit est consignée sur un cahier des charges général. La demande précise, notamment sur les clauses techniques, toutes les indications nécessaires à l'étape de développement, d'industrialisation, de production et d'assurance de la qualité.

Lorsqu'un client lance un appel d'offres, ou plus simplement lorsque la direction technique d'une entreprise commande une étude à un de ses services ou à un fournisseur, c'est le cahier des charges qui régit les rapports entre les parties. Il précise le service attendu du produit par l'utilisateur mais il indique souvent les solutions à adopter pour réaliser le produit. Le plus fréquemment, il s'agit de solutions confirmées ayant fait leurs preuves sur des produits similaires.

Cette démarche, fondée sur l'expérience, apporte une certaine garantie de résultat, mais dans la mouvance technologique qui caractérise notre époque il est nécessaire de ne pas freiner la créativité en imposant des solutions qui risquent d'être dépassées.

C'est la raison d'être du *cahier des charges fonctionnel* (CdCF). Il n'impose aucune solution, il est simplement l'expression fonctionnelle du besoin. Il formalise l'analyse fonctionnelle, il exprime le besoin en termes de résultat sans faire allusion à des solutions, de façon à laisser une plus grande liberté aux concepteurs, dont la tâche est précisément de trouver les solutions nécessaires à l'obtention du meilleur rapport qualité/coût.

Le CdCF est quelquefois confondu par les non-initiés avec la fiche-programme, la spécification technique de besoin ou le schéma directeur. En fait, il est tout à fait original et séparé de ces documents tout en en étant dépendant.

Le CdCF qui résulte d'une analyse fonctionnelle externe est le document qui exprime le besoin en termes de fonctions détaillées et caractérisées. C'est le document de travail de référence pour tous les services de l'entreprise. Peu importe le choix des solutions, le CdCF ne change pas pour autant. Les seules raisons qui peuvent faire évoluer le CdCF sont les suivantes :

— le besoin est modifié, par un complément de l'étude de marché ou par de nouvelles directives d'un donneur d'ordres ;

— la fiche-programme est modifiée.

Si le produit ne nécessite pas un long cycle d'études et de développement, à l'exemple d'un produit simple comprenant un nombre réduit de composants, le CdCF d'origine reste valable tout au long du programme car le besoin a peu de chances d'évoluer. Si au contraire le produit est un système complexe nécessitant plusieurs années d'études et de développement, le besoin évoluera probablement entraînant à sa suite l'évolution de la fiche-programme et du CdCF. Dans tous les cas le CdCF doit être validé par le décideur avant d'être exploité.

1. L'ÉLABORATION DU CdCF

Il appartient au groupe qui a réalisé l'analyse fonctionnelle de rédiger le CdCF. Dans le chapitre consacré à l'analyse fonctionnelle, nous avons constaté que les fonctions étaient notées, au fur et à mesure de leur apparition, sur le CdCF. Il s'agit plus précisément d'une liste, dont la présentation est conforme à celle d'un CdCF, qui pourrait être intitulée CdCF provisoire. L'édition définitive du CdCF doit obéir à des règles plus précises.

Après l'analyse fonctionnelle nous avons fait appel au diagramme FAST pour mieux comprendre la « logique fonctionnelle », c'est important mais cela ne peut servir de guide à la présentation du CdCF. De plus, la pratique du FAST est facultative. Lorsque les délais sont très contraignants, on peut se passer du FAST, mais en aucun cas du CdCF.

La présentation définitive du CdCF doit faciliter son exploitation. Plusieurs solutions peuvent être adoptées pour le classement des fonctions, cela dépend de la nature du produit étudié.

- *Par groupes de fonctions selon leurs types :*
  Fonctions principales de service ou d'usage
  Fonctions complémentaires de service ou d'usage
  Contraintes
- *Par groupes de fonctions concernant les phases du cycle de vie,* exemples :
  Fonctions relatives au transport
  Fonctions relatives à l'utilisation
  Fonctions relatives à la maintenance, etc.

- *Par groupes de fonctions concernant les éléments de l'environnement,* exemples :
  Fonctions relatives à l'ambiance climatique
  Fonctions relatives à l'utilisateur
  Fonctions relatives aux sources d'énergie, etc.

  Premier exemple : CdCF d'une tondeuse à gazon électrique.

  Extraits de la fiche-programme :

— tondeuse à gazon pour petites et moyennes surfaces ;
— électrique 220V ;
— permettant le taillage des touffes ;
— coupe à hauteur réglable ;
— avec récupérateur d'herbe coupée ;
— milieu de gamme.

CdCF POUR UNE TONDEUSE À GAZON

N°	Désignation	K	Critère	Niveau	Flexibilité	F
	1. *Fonctions principales de service*					
1	Couper le gazon, l'herbe, le trèfle...	5	Hauteur Netteté de coupe	20 mm sans arrachement	+ 11 mm – 8 mm	2
2	Tailler les touffes	2	Aspect	Test	–	3
3	Récupérer l'herbe coupée	2	Volume	1/8 m^3	± 10 %	2
4	Être puissante	3	Puissance	500 W	± 10 %	0
5	Être fiable	4	MTBF	500 h	± 50 h	1
6	Permettre le vidage	1	Accès Temps Facilité	– 2 min Test	– ± 10 % –	3 2 3
7	Être ergonomique	3	Position des commandes	Test	–	3
8	Être maniable	2	Efforts Poids	3 dn 15 kg	± 10 % + 0 – 10 %	1 1
9	Avoir une bonne vitesse de taille	3	Vitesse	20 m/min	± 5 %	2
10	Avoir une largeur de coupe adaptée	1	Largeur	0,40 m	± 5 %	2

Rappel des coefficients :
K : 1. utile – 2. nécessaire – 3. important – 4. très important – 5. vital.
F : 0. impératif – 1. peu négociable – 2. négociable – 3. très négociable.

CdCF POUR UNE TONDEUSE À GAZON

N°	Désignation	K	Critère	Niveau	Flexibilité	F
2. *Fonctions complémentaires de service*						
1	Permettre le réglage de la coupe	3	Hauteur	11 à 32 mm	± 1 mm	2
2	Être peu bruyante	3	Bruit	60 dB	± 6 dB	0
3	Fonctionner sur terrain en pente	3	Pente	30 %	± 2 %	1
4	Fonctionner sur terrain accidenté	3	Marche Ondulations Cuvettes	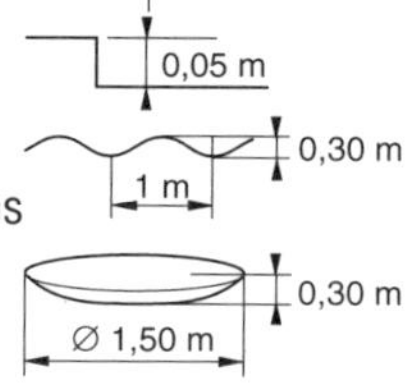	± 10 %	2
5	Avoir un rayon d'action suffisant	4	Longueur	20 m	± 5 %	2
6	Permettre d'actionner l'interrupteur	2	Accès	Test	–	3
7	Être préhensible stockée, en service	1	Forme Ergonomie	Test Test	– –	3 3
8	Être esthétique	3	Aspect			
9	Avoir un faible encombrement de stockage	1	Volume Dimensions	L : 1,5 m l : 0,70 m h : 0,50 m	± 10 % " "	2 2 2
10	Permettre le stockage du fil	3	Temps Commodité	20 s	± 10 %	2
11	Absorber les vibrations	2	Amortissement	Test	–	3
12	Permettre le changement des organes d'usure	3	Accès Temps Sécurité	Test 3 min Test	– ± 10 % –	3 2 3
13	Permettre le nettoyage interne	2	Accès Facilité	Test Test	– –	3 3
14	Permettre le lavage externe	2	Protection des organes Non rétention	Test Test	– –	3 3
15	Permettre de vérifier le contenu	2	Visualisation	Test	–	3

CdCF POUR UNE TONDEUSE À GAZON

N°	Désignation	K	Critère	Niveau	Flexibilité	F
3. *Contraintes*						
1	Permettre l'action d'un arrêt d'urgence	5	Accès Facilité	Test Test	– –	3 3
2	Assurer la sécurité de l'utilisateur • Électrique • Projections • Lames de coupe • Roulement	5	 Isolation Masse Protection Protection Protection	 Norme Test Test Test Test	 – – – – –	 3 3 3 3 3
3	Assurer la sécurité des personnes environnantes	5	Protection	Test	–	3
4	Ne pas abîmer le sol	1	Aspect	Test	–	3
5	Ne pas abîmer les plantations environnantes	1	Acpect	Test	–	3
6	Résister à la corrosion	3	Aspect Fiabilité	Test Test	– –	3 3
7	Ne pas couper le fil d'alimentation électrique	5	Protection	Test	–	3
8	Résister aux variations de température	2	Fiabilité Température	Test + 70 °C – 20 °C	– ± 10 %	3 2
9	Résister aux chocs	2	Impact	Test	–	3
10	Résister aux chutes	2	Aspect Hauteur	Test 0,50 m	– ± 10 %	3 1
11	Résister aux rayons UV	1	Aspect	Test	–	3

Deuxième exemple : CdCF d'un *sac de golf* (environnement interne et externe décrit dans le chapitre 11-2 consacré à l'étude de l'environnement)

Extrait de la fiche programme[1]

Grandes options

— Contenir une série complète de clubs.

1. Afin de clarifier l'exemple, les informations indiquées représentent un minimum nécessaire.

— Offrir un bon confort.
— Avoir un look mode.
— Être unisexe.
— Avoir une bonne durée de vie.
— Être semi-rigide.

Objectifs économiques
— Budget de recherche et développement
— Coût de revient unitaire.

Objectifs de production
— Délai premier prototype.
— Délai du premier de série.
— Programme de production.

Nota
Selon la nature des produits, les fonctions peuvent être groupées de diverses façons. Elles sont classées, cette fois-ci, selon cinq catégories.

1. Aspect.
2. Chargement, rangement, déchargement.
3. Protection, sécurité.
4. Déplacement.
5. Vieillissement.

CdCF POUR UN SAC DE GOLF

N°	Désignation	K	Critère	Niveau	Flexibilité	F
	1. *Aspect*					
1	Être semi-rigide	4	Aspect Rigidité	Test Test	– –	3 3
2	Avoir un look mode	3	Aspect	Test	–	3
3	Conserver l'apparence avec une charge partielle (1/2 série)	2	Aspect	Test	–	3
4	Être unisexe	2	Aspect	Test	–	3
5	Offrir une surface de collage des étiquettes de green-fee	1	Surface	10 cm^2	± 10 %	2

N°	Désignation	K	Critère	Niveau	Flexibilité	F
2. *Chargement, rangement, déchargement*						
1	Contenir 14 clubs	5	Hauteur utile Section utile	1,115 m 0,210 m	+ 5 % – 0 % + 5 % – 0 %	0 0
2	Permettre l'introduction des clubs	3	Accès Facilité	Test Test	– –	3 3
3	Permettre la sortie des clubs	3	*id.*	Test	–	3
4	Contenir les balles	2	Volume	10 balles	± 1	2
5	Contenir les tees	2	*id.*	20 tees	± 5	2
6	Contenir un imperméable ou un blouson	2	*id*	4 000 cm^3	± 10 %	2
7	Contenir une casquette ou une visière	1	*id.*	200 cm^3	± 10 %	2
8	Contenir un sandwich ou des gateaux secs	1	*id.*	400 cm^3	± 10 %	2
9	Contenir une boisson	1	*id.*	300 cm^3	± 10 %	2
10	Contenir occasionnellement une paire de chaussures	1	*id.*	4 500 cm^3	± 10 %	2
11	Permettre l'accrochage d'une serviette	3	Tenue Accessibilité	Test Test	– –	3 3
12	Permettre l'accrochage d'un parapluie	3	Tenue Accessibilité	Test Test	– –	3 3
13	Contenir des petits objets groupés : gant, briquet, porte-feuilles, carnet d'adresses, carte de parcours, crayon, cigarettes, divers	2	Volume	500 cm^3	± 10 %	1
14	Permettre la visualisation du choix d'un club	3	Accès visuel	Test	–	3
15	Éviter aux clubs de s'entrechoquer	2	Maintien Séparation	Test Test	– –	3 3

N°	Désignation	K	Critère	Niveau	Flexibilité	F
3. *Protection, sécurité*						
1	Résister à l'écrasement (protection des clubs)	4	Résistance	20 kg	± 10 %	2
2	Assurer une protection contre le vol	2	Cacher le contenu Fermeture	Test Test	– –	3 3
3	Avoir la base imperméable (flaques d'eau)	4	Étanchéité	Test	–	3
4	Permettre l'évacuation de l'eau de pluie entrée accidentellement	3	Vidange	0,5 cm^3	± 10 %	2
5	Ne pas présenter d'aspérités dangereuses	3	Sécurité	Test	–	3
6	Ne pas abîmer le manche des clubs lors de leur introduction brutale	2	État	Test	–	3
7	Permettre la reconnaissance externe et interne de l'identité de l'utilisateur propriétaire	2	Localisation d'étiquettes	Test	–	3
8	Respecter la réglementation douanière (exportations)	5	Made in France Lisibilité	Test	–	0
4. *Déplacement*						
1	Permettre le portage sur l'épaule	5	Ergonomie Confort	Test	–	3
2	S'adapter aux différentes morphologies	3	Réglages	Test	–	3
3	Permettre le portage d'une main	4	Préhension	Test	–	3
4	Conserver l'équilibre avec une charge partielle (1/2 série)	2	Répartition des charges	Test	–	3
5	Permettre le portage sur un chariot	3	Rigidité Résistance au sanglage	Test Test	– –	3 3

N°	Désignation	K	Critère	Niveau	Flexibilité	F
6	Résister au frottement des tapis roulants des aéroports et des manutentions	2	Maintien Séparation	Test Test	– –	3 3
7	Permettre l'accrochage sur un vestiaire	1	Crochet Poids	20 kg	± 10 %	1
	Avoir un encombrement limité	2	Dimensions HT Longueur	 club + 3 cm	 ± 10 %	3 1
5. *Vieillissement*						
1	Résister aux variations de température	3	Température	+ 60 – 5	± 10 %	2
2	Résister aux rayons UV	2	Aspect	Test	–	3
3	Résister au brouillard salin	2	Aspect	Test	–	3
4	Résister aux produits de nettoyage	2	Aspect	Test	–	3
5	Permettre le nettoyage interne	2	Propreté	Test	–	3
6	Résister au poinçonnage (contact occasionnel avec les chaussures)	2	Résistance	Test	–	3

Il peut y avoir plusieurs éditions du CdCF[1] en fonction des modifications de la fiche-programme.

Il appartient à l'animateur du groupe de travail de faire valider le CdCF auprès du demandeur et de le faire approuver par le décideur.

Il peut être joint au cahier des charges général mais il est préférable de la laisser à part. Cela lui confère une valeur de référence indépendante des clauses techniques du cahier des charges général car certaines exigences de ce dernier peuvent varier sans entraîner de modification du CdCF, par exemple des clauses d'essai ou de réception.

En résumé, les documents suivants doivent rester indépendants :

1. Certaines entreprises désignent le CdCF par une appellation qui leur est propre. Exemple : chez Renault, c'est le CCPQ (Cahier des Charges des Prestations Quantifiées).

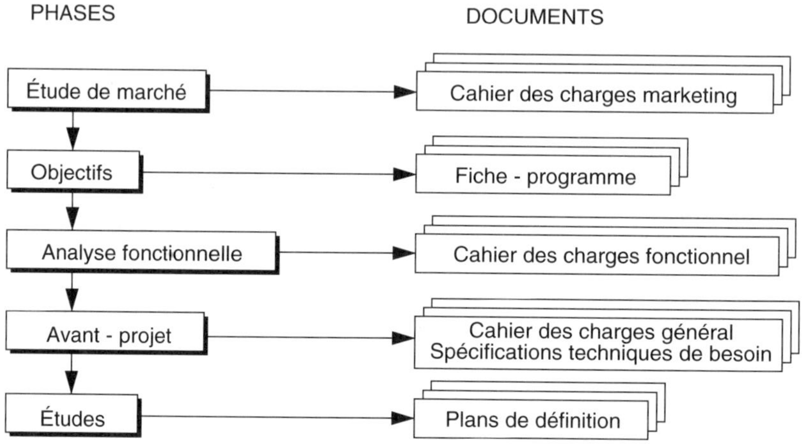

Figure 17 – Documents

2. LE CdCF GÉNÉRIQUE

Beaucoup d'entreprises proposent à leur clientèle une gamme de produits d'un même type, par exemple : une gamme de générateurs de courant de soudage de puissances différentes destinés à être utilisés en atelier.

Lors du lancement d'un nouveau modèle de la gamme, à condition qu'il ne soit pas fondamentalement différent des autres, il n'est pas nécessaire de refaire une analyse fonctionnelle complète, mais d'utiliser un CdCF qui a été établi précédemment et comprenant les fonctions communes à tous les modèles de la gamme. Ce type de CdCF est nommé *générique.* Il comporte les fonctions et les critères que l'on retrouve sur tous les modèles de la gamme. Les niveaux des critères ainsi que les flexibilités sont laissés *en blanc,* ils seront déterminés à la demande de la spécificité des nouveaux modèles.

Le CdCF générique apporte une réponse aux industriels qui pensent que faire une analyse fonctionnelle systématiquement à chaque lancement de produit peut faire perdre du temps à l'équipe de conception. Le temps passé à compléter le CdCF générique est évidemment beaucoup plus court que de faire l'analyse complète. Bien entendu le CdCF générique doit être actualisé dès que des modifications des fonctions basiques sont adoptées. Il serait dangereux d'utiliser un CdCF générique périmé.

3. LE RÔLE DU CdCF

Le CdCF peut jouer un rôle dans trois grandes circonstances.

1. À l'intérieur de l'entreprise

Dans les relations entre un service demandeur et un autre service.

2. Entre un client et un fournisseur

Le CdCF, joint au dossier, accompagné du cahier des charges général et des autres documents utiles à la coopération, peut avoir pour effet d'inciter le concepteur-réalisateur à rechercher l'optimisation du produit. Il faut alors que les possibilités de recherche soient non seulement perceptibles mais réelles. Si toutefois certaines limites à ces investigations étaient provoquées par des contraintes ou des invariants, ces derniers doivent être exprimés clairement par le demandeur.

Le CdCF peut favoriser le dialogue entre le demandeur et le concepteur-réalisateur à condition que ce dernier soit capable de proposer des modifications de fonctions ou de niveaux de critères et que le demandeur accepte le principe d'examiner ces propositions.

Lorsque l'étude de marché a mis en évidence l'existence de plusieurs segments de marché, il se peut que les niveaux de certains critères soient adaptés à chaque segment. Ces particularités doivent être précisées dans la fiche-programme.

Le CdCF peut faciliter la rédaction d'une demande de brevet. En effet, l'auteur d'une innovation susceptible d'être brevetée apporte souvent plus de soin à décrire son invention plutôt que ses possibilités fonctionnelles. La tâche d'un cabinet spécialisé en propriété industrielle sera grandement facilitée si l'inventeur lui présente un CdCF.

3. Lors d'un appel d'offres

L'avantage d'un appel d'offres lancé avec un CdCF est qu'en l'absence de solutions imposées, les réponses peuvent être plus variées que dans le cadre habituel où le donneur d'ordres impose ses idées.

L'expérience montre que beaucoup de fournisseurs, consultés pour la première fois avec un CdCF, sont un peu désorientés. En effet, pas ou peu de solutions sont proposées et seuls la réponse au CdCF et le prix correspondant sont demandés.

Les fournisseurs qui avaient l'habitude de recevoir des plans et des informations détaillées sur ce qu'ils avaient à faire sont obligés d'étudier un avant-projet avant de répondre. Certains sont tentés d'écrire dans leur réponse « Aucun problème, nous donnerons satisfaction à toutes les fonctions », mais comment le donneur d'ordres peut-il en être sûr ?

Une solution consiste à prévoir, sinon pour toutes les fonctions, au moins pour celles qui le méritent, un cadre de réponse sur le CdCF, c'est-à-dire une partie libre en regard de la fonction, sur laquelle le fournisseur pourra donner des informations sur les solutions qu'il propose.

Dans le but de ne pas effrayer tous les fournisseurs potentiels avec un CdCF comportant de nombreuses fonctions, il est possible de lancer l'appel d'offres en deux phases :

1. Transmettre un CdCF simplifié pour sélectionner quelques fournisseurs.
2. Communiquer le CdCF complet aux fournisseurs sélectionnés.

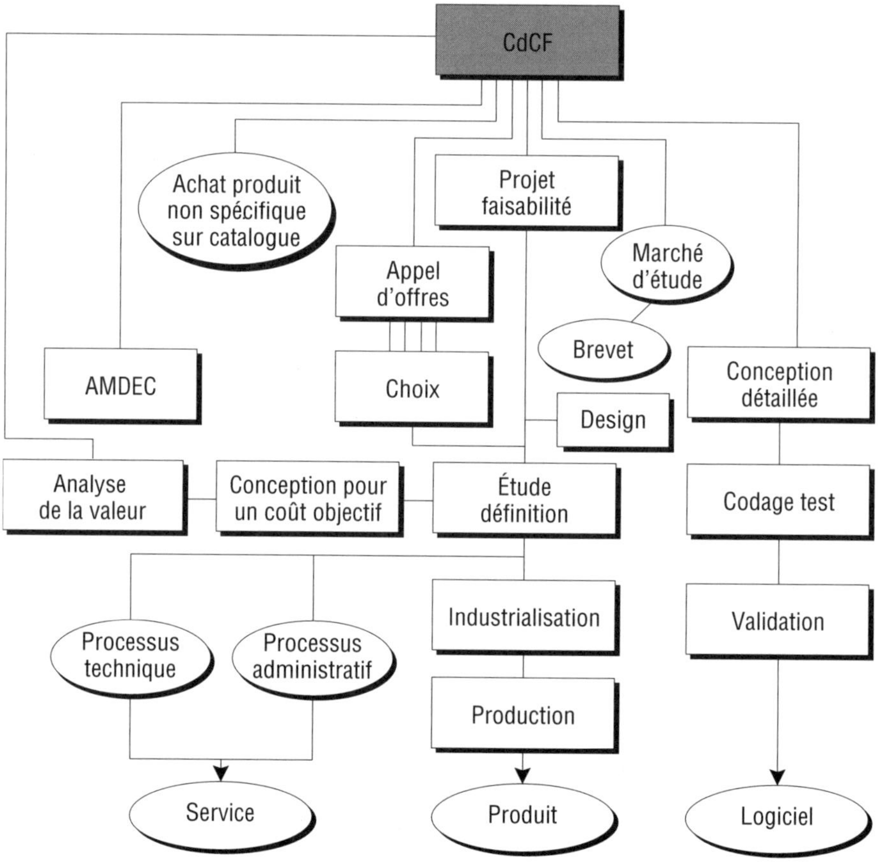

Figure 18 – Utilisations du CdCF

RÉSUMÉ

Les principaux avantages du CdCF sont les suivants.

1. Préciser le besoin.
2. Exprimer la demande.
3. Faciliter l'innovation par l'absence de solutions imposées.
4. Constituer une référence entre partenaires.
5. Fournir un cadre de réponse à un appel d'offres.
6. Servir de base à l'établissement du cahier des charges général et des spécifications techniques de besoin.
7. Faciliter la rédaction d'une demande de brevet.
8. Servir à une gamme de produits dans le cas d'un CdCF générique.

18. LE CAHIER DES CHARGES GÉNÉRAL

Le cahier des charges général est le document le plus utilisé pour définir les conditions de conception et de réalisation d'un produit. Nous l'avons intitulé cahier des charges « général » pour le distinguer du CdCF. C'est un document bien connu en raison de son antériorité par rapport au CdCF. Les deux documents ont leur utilité. Le CdCF ne doit pas remplacer le cahier des charges général et réciproquement. Le cahier des charges général comporte des informations complémentaires au CdCF, utiles à la bonne exécution du programme et de ses différentes étapes : développement, industrialisation, production et assurance de la qualité.

Peuvent y figurer un certain nombre de clauses.

1. LES CLAUSES

1. Les clauses commerciales précisant les prix, les quantités à fabriquer, les conditions financières, etc.

2. Le planning du programme indiquant les délais des différentes tâches d'exécution du programme, éventuellement les échéanciers des fournitures des partenaires, etc.

3. Les clauses techniques intitulées quelquefois *spécifications techniques de besoin* décrivant le produit et son domaine d'utilisation, les directives de conception et de réalisation, les conditions de l'environnement, la définition des interfaces, les interchangeabilités, la fiabilité requise, la normalisation à respecter, etc.

4. Les clauses de qualité et de réception indiquant les procédures propres à la construction et à l'assurance de la qualité, les opérations de recette, contrôle, qualification, etc.

5. Les clauses de garantie précisant les conditions de la garantie constructeur, les conditions d'utilisation du produit, les périodes considérées, etc.

6. Les clauses de maintenance indiquant la nature des opérations de maintenance préventive ou curative, leur fréquence, les parties habilitées, les procédures d'intervention, etc.

7. Les clauses administratives et juridiques comprenant les règles régissant les rapports entre partenaires, les pénalités, les conditions d'arbitrage des litiges, les problèmes d'assurance, etc.

Le cahier des charges général s'applique le plus souvent dans le cadre de relations client-fournisseur. Il peut être utilisé également au sein de l'entreprise entre un service demandeur et un service fournisseur.

Le cahier des charges des marchés publics séparent les clauses en trois grandes catégories :

— administratives,
— juridiques,
— techniques.

2. LA SPÉCIFICATION TECHNIQUE DE BESOIN

La spécification technique de besoin (STB) est établie en respectant les objectifs de la fiche programme et en tenant compte des informations figurant sur le CdCF. Afin d'éviter des répétitions susceptibles de provoquer des erreurs, la STB peut se reporter à certains points du CdCF.

Selon la Délégation Générale pour l'Armement (DGA), la spécification technique de besoin doit être unique, claire, complète et exprimée en terme de besoin. Elle doit exprimer de manière exhaustive et contrôlable quelle doit être la qualité de la fourniture livrée à l'utilisateur.

Pour cela, elle explicite et quantifie toutes les performances dont cette fourniture doit être capable pour remplir le besoin exprimé. Elle contient notamment les rubriques suivantes :

— Présentation du matériel et de son utilisation.
— Description de l'utilisation du matériel.
— Exigences spécifiques du matériel.
— Caractéristiques de fiabilité.
— Durée de vie.
— Sûreté de fonctionnement et disponibilité.
— Exigences qualitatives.
— Maintenabilité.
— Sécurité d'emploi.
— Vulnérabilité.
— Ergonomie, exigences concernant l'utilisation.
— Exigences concernant les emballages, le transport, les manutentions, le stockage.
— Exigences concernant la conception et la réalisation.
— Exigences d'interfaces.
— Assurance de la qualité.
— Contrôle.
— Préparation pour la livraison.

La STB constitue une des pièces majeures du contrat qui lie l'industriel fournisseur et le donneur d'ordres, surtout dans le domaine des fournitures de matériels militaires.

19. L'ANALYSE FONCTIONNELLE DES PROCESSUS

L'analyse fonctionnelle s'applique à tous les produits, au sens large du terme, mais certains ont une spécificité qui requiert une approche analytique particulière : c'est le cas des processus.

On peut définir un processus comme une suite de différentes tâches qui se décomposent en opérations et en séquences, et qui ont pour but de réaliser un produit matériel ou immatériel pour satisfaire un besoin.

Un processus correspond généralement à une activité technique ou administrative. Un processus technique peut contribuer à la réalisation d'un processus administratif et inversement. Dans le domaine des services, les deux activités sont imbriquées.

Prenons l'exemple simple d'un service de vente par correspondance :

— Les taches administratives concernent la réception et le dépouillement du courrier ou des messages Internet, la gestion des stocks, la saisie des commandes, l'établissement des ordres d'expédition, la facturation, la gestion de l'après-vente, etc.

— Les tâches techniques concernent la réception et le magasinage, le conditionnement, le transport, etc.

La réalisation de certains processus nécessite de gros investissements : c'est le cas d'une chaîne de construction automobile, d'une unité chimique, etc. Par conséquent, l'analyse fonctionnelle doit être pratiquée dès la définition des objectifs et avant l'étude des solutions, pour limiter les éventuelles remises en cause et les dépenses qu'elles occasionnent.

1. SPÉCIFICITÉ DU GROUPE DE TRAVAIL

L'analyse fonctionnelle d'un processus technique de production demande que le groupe soit animé par un responsable des méthodes ou de la production, contrairement à un produit objet ou d'une autre nature, où le groupe est généralement conduit par un responsable du service études et développement.

Quand il s'agit d'un processus exécuté dans un atelier, le groupe est composé majoritairement de personnes du département production ; un représentant du bureau d'études est toutefois invité à temps partiel pour le cas où le produit à fabriquer est susceptible d'être modifié dans le but d'optimiser le processus.

Dans le cas précité, le groupe peut être composé des représentants des services méthodes, qualité et fabrication, et si besoin du bureau d'études, des achats ou de l'après-vente.

Dans le domaine des processus administratifs, l'animateur est choisi parmi les responsables administratifs, mais dans de nombreux cas il est fait appel à un animateur extérieur à l'entreprise.

Certaines analyses de la valeur des processus administratifs, qui nécessitent une analyse fonctionnelle, ont pour but une meilleure efficacité et aboutissent souvent à une réorganisation des services existants. Sur le plan humain, il y a lieu de prendre certaines précautions. Il est souhaitable que quelques personnes appartenant aux services concernés par l'étude participent aux travaux du groupe ; les solutions proposées en commun auront ainsi plus de chances d'être acceptées par tous.

Une analyse fonctionnelle dont le sujet est purement technique ne nécessite pas de prendre les mêmes précautions car il s'agit de travailler sur de la matière ou des matériels et non sur des personnes.

L'analyse fonctionnelle d'un système, assimilable à un processus technique, peut être animée par un responsable des services études au même titre qu'un produit objet.

2. FONCTIONS D'UN PROCESSUS

Un processus est caractérisé par un ensemble d'opérations qui peuvent elles-mêmes se décomposer en séquences. Chaque opération contribue à un changement d'état du produit qui passe progressivement de l'état initial à l'état final. Certains processus se réalisent en continu, à l'exemple d'une chaîne de montage d'automobiles, d'autres se réalisent par postes séparés reliés par un système de transfert des produits entre les postes.

Les fonctions de service

Certaines opérations aboutissent, entièrement ou en partie, à l'état final du produit. Elles sont considérées comme étant des fonctions de service, non pour l'utilisateur du produit résultant du processus, mais pour le processus lui-même.

Les fonctions techniques

Aucune fonction technique n'aboutit à l'état final. Elles aboutissent à un état intermédiaire qui concourt néanmoins à l'état final.

Un service est caractérisé par un mélange de tâches administratives et techniques ayant les mêmes conséquences fonctionnelles que les opérations citées précédemment sur le produit final.

On donne ci-dessous des exemples de quelques types de processus.

1. Processus technique séquentiel d'un atelier de peinture comprenant quatre postes de travail (voir schéma et tableau).

Schéma du processus technique « Atelier de peinture ».

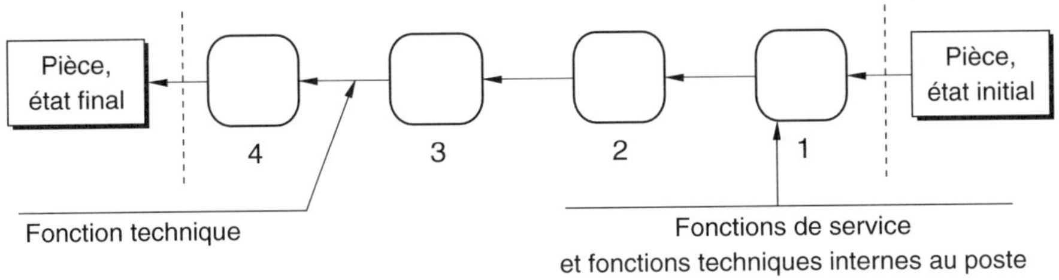

On notera que chaque poste peut comprendre des fonctions de service et des fonctions techniques, et que le transfert d'un poste à un autre est une fonction technique.

TABLEAU 1 – ATELIER DE PEINTURE : CORRESPONDANCE ENTRE QUELQUES FONCTIONS ET LES OPÉRATIONS ASSOCIÉES.

Fonctions	Opérations
1 : Nettoyer la surface	Dégraissage Rinçage Séchage
2 : Protéger la surface	Phosphatation Rinçage Séchage
3 : Préparer la surface	Primaire Enduit Séchage Ponçage Essuyage
4 : Décorer la surface	Peinture Finition Séchage

2. Processus administratif séquentiel d'un service après-vente (voir tableau).

TABLEAU 2 – SERVICE APRÈS-VENTE : CORRESPONDANCE ENTRE QUELQUES FONCTIONS ET LES OPÉRATIONS ASSOCIÉES.

Fonctions	Opérations
1 : Documenter	Établir les notices techniques
2 : Informer	Établir des supports pédagogiques
3 : Préparer les interventions	Approvisionner les pièces de rechange Gérer le stock
4 : Réparer	Intervenir chez le client ou en atelier

3. ANALYSE FONCTIONNELLE EXTERNE D'UN PROCESSUS

L'analyse fonctionnelle externe d'un processus peut concerner deux catégories de fonctions :

— les fonctions assurées par le processus complet,

— les fonctions assurées par chaque poste du processus.

Les principaux outils utilisés sont :

1 - La méthode RESEAU.

2 - Les graphes de flux.

3 - La méthode FAST.

4 - L'étude des contraintes d'enchaînement opératoire.

5 - Les études d'équilibrage des postes.

Les outils 1, 2 et 3 sont décrits par ailleurs, respectivement aux chapitres 11, 13 et 14.

La première étape de l'analyse fonctionnelle concerne l'analyse des fonctions de service du processus complet. La suivante concerne l'analyse des fonctions de service de chaque poste du processus, si ces derniers sont bien identifiés et indépendants des autres. Dans un processus séquentiel, chaque poste doit aboutir à des fonctions de service qui seront exploitées par le poste suivant.

Les contraintes d'enchaînement opératoire sont généralement étudiées à l'aide d'un graphe de flux mettant en évidence l'ordre des opérations devant être réalisées impérativement avant les autres.

L'équilibrage des postes consiste à ce que le temps nécessaire à la réalisation des opérations de chaque poste soit équilibré avec les autres, de façon à permettre le transfert simultané entre les postes.

4. ANALYSE FONCTIONNELLE INTERNE D'UN PROCESSUS

L'analyse fonctionnelle interne concerne généralement chaque poste du processus. Elle consiste à rechercher les fonctions techniques des composants du poste concourant directement ou indirectement à l'état final du produit.

Trois états au moins du produit traité par le processus sont à considérer :

— *Initial* : il correspond à l'état du produit avant que soit engagé le processus de transformation.

— *Intermédiaire* : à l'issue de l'une des phases du processus, le produit ne bénéficie pas d'un changement d'état complet ou partiel pouvant être qualifié de final. Il s'agit d'un état intermédiaire.

— *Final* : à l'issue de l'une des phases du processus, le produit bénéficie complètement ou partiellement d'un changement d'état pouvant être qualifié de final, c'est-à-dire ne nécessitant aucune retouche ou aucune finition sur les postes suivants.

Les principaux outils utilisés pour l'analyse fonctionnelle interne sont :

1 - Les graphes de flux

2 - L'étude des contraintes d'enchaînement opératoire

3 - La méthode FAST

Selon la nature du processus, les flux peuvent être de nature différente : informations, fluides, monnaie, matières, pièces semi-ouvrées, énergie, efforts, etc. L'ordonnancement opératoire doit aboutir à un résultat significatif qui est généralement désigné « contribution à l'état final ». Dans un processus, l'idéal serait qu'il n'y ait que des opérations concourant à l'état final, mais la pratique montre que cela est très difficile, sinon impossible à obtenir.

Dans le cas où l'analyse fonctionnelle est réalisée dans le cadre d'une analyse de la valeur, la recherche des fonctions techniques concourant à des états intermédiaires est très importante car, dans un deuxième temps, l'on cherchera de nouvelles solutions pour les supprimer ou au moins en réduire le nombre, afin d'améliorer l'efficacité du processus et d'en réduire le coût.

Les fonctions sont identifiées selon leur nature : principales, complémentaires, contraintes, techniques. Elles sont assorties de critères, de niveaux, de flexibilité et si besoin de classe de flexibilité ; elles sont ensuite hiérarchisées et récapitulées sur le CdCF.

RÉSUMÉ

Un processus technique ou administratif nouveau n'échappe pas à l'analyse fonctionnelle externe, qui se pratique avec les mêmes outils que ceux utilisés pour des produits objets.

Chaque poste d'un processus peut faire l'objet d'une analyse fonctionnelle externe particulière.

L'analyse fonctionnelle interne d'un processus existant est facilitée par la visibilité du résultat de chaque opération.

Toutes les opérations qui apportent peu à l'état final sont évidentes, contrairement à un produit objet où les fonctions techniques ne peuvent être identifiées qu'après analyse de son architecture.

Dans le domaine administratif, la constatation est identique. L'étude des flux fonctionnels montre clairement s'il existe des flux convergents puis divergents qui aboutissent à des fonctions techniques inutiles pouvant être supprimées par un changement de solutions.

20. L'ANALYSE FONCTIONNELLE ET LE MANAGEMENT DE PROJET

Le management par projet est de plus en plus pratiqué dans les entreprises performantes en raison des réels avantages qu'il procure :

- Meilleure motivation du personnel.
- Effet synergique du travail de groupe.
- Conduite du projet par un responsable chargé de la qualité, des coûts et des délais, interlocuteur privilégié du client.
- Efficacité des travaux d'études par l'utilisation de méthodes efficaces telles que :
  — l'analyse fonctionnelle,
  — l'analyse de la valeur,
  — la conception pour un coût objectif,
  — la conception pour le coût global,
  — l'analyse des modes de défaillance,
  — etc.
- Contrôle périodique du respect des objectifs et actions correctives en temps voulu.

L'analyse fonctionnelle joue un rôle important à plusieurs étapes du déroulement d'un projet. Le CdCF ainsi que la STB sont les documents de référence consultés chaque fois qu'il est nécessaire, comme le montrent les exemples suivants.

1. L'EMPLOI DU CdCF

- **Lors de l'étude de marché**

  L'approche fonctionnelle de la réflexion concernant les attentes du marché permet d'identifier plus facilement les fonctions essentielles de service qui figureront dans le cahier des charges marketing (CdCM).

- **Lors de la définition des objectifs**

  Le comité de direction ou de pilotage, chargé de définir les objectifs de qualité, coûts, délais et les options stratégiques qui seront récapitulés sur la fiche-programme ou le schéma directeur, peut au préalable, procéder utilement à l'analyse fonctionnelle des fonctions à remplir par le groupe de travail chargé du projet. Cette analyse tient compte du processus de développement en accord avec les ressources de l'entreprise en hommes et en matériels.

- **Au moment de la rédaction des clauses techniques** du cahier des charges général, appelées également les **spécifications techniques de besoin.**

  L'approche fonctionnelle est utilisée pour définir les données complémentaires qui ne figurent pas nécessairement sur le CdCF, préciser par exemple, les conditions de réception, de qualification, de transport, de stockage, etc.

- **Lors du lancement d'un appel d'offres**

  Le CdCF sert de base technique pour la constitution du dossier d'appel d'offres. Il suscite l'innovation et favorise la concurrence par l'absence de solutions imposées, le CdCF exprimant un résultat sans faire allusion aux nombreuses solutions possibles.

- **Pour guider la négociation entre le client et le fournisseur**

  L'analyse fonctionnelle du besoin permet de comparer les fonctions demandées par le client aux fonctions offertes par le fournisseur. L'offre peut ainsi être ajustée à la satisfaction des deux parties car certaines fonctions superflues peuvent être éliminées ou, au contraire, d'autres fonctions oubliées ajoutées. Les contrats rédigés à la suite sont plus précis. Les différents ultérieurs sont moins nombreux.

- **Au moment de l'étude projet**

  Pour vérifier si l'architecture proposée correspond bien au découpage fonctionnel du produit : ensembles, sous-ensembles, équipements, composants.

- **Lorsque le *designer* intervient**

  Pour le guider dans le choix des solutions ergonomiques et esthétiques, de façon à ce qu'elles soient en accord avec le CdCF.

- **Pendant l'étude détaillée**

  Pour vérifier périodiquement si les solutions étudiées donnent bien satisfaction aux fonctions du CdCF, en cherchant à réaliser le bouclage : besoin-objectifs-fonctions-solutions-besoin.

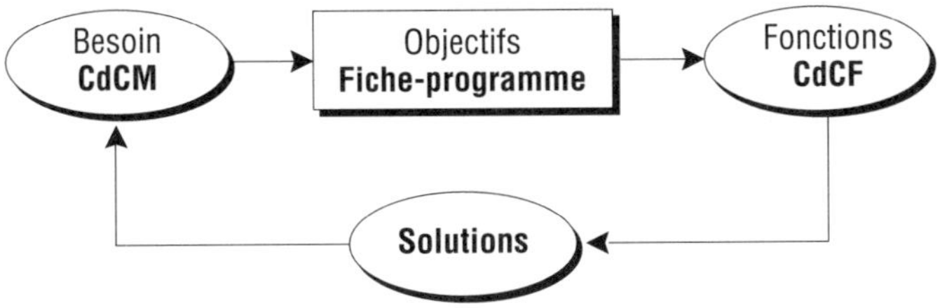

Besoin-Objectifs-Fonctions-Solutions-Besoin

- **Quand le service achats passe les commandes.**

  Pour approvisionner des matériels ou des services qui doivent satisfaire les fonctions demandées par le CdCF.

- **Au moment des revues de projet**

  Pour permettre d'évaluer les dérives par rapport au CdCF et de proposer les actions correctives nécessaires.

- **Pour réaliser des études de sûreté de fonctionnement**

  L'étude des causes de défaillance et de leur « criticité » (AMDEC) passe obligatoirement par l'analyse fonctionnelle des éléments étudiés.

- **Afin de réaliser des études d'analyse de la valeur**

  Si le besoin s'en fait sentir, sur certains points ponctuels, des études d'analyse de la valeur peuvent être déclenchées par le responsable de programme. L'analyse fonctionnelle interne permet de comprendre les voies d'optimisation du produit étudié, sans perdre de vue les fonctions externes à assurer.

2. EXEMPLE DANS L'INDUSTRIE AUTOMOBILE

Le lancement d'un nouveau modèle par un grand constructeur français a fait récemment l'objet de la démarche suivante :

— Définition des attentes du marché par le marketing et la direction du produit.

— Choix des solutions techniques, structure du véhicule, groupe moteur et propulsion, suspension, voie et empattement par la direction de l'ingénierie.

— Les deux directions ont alors formalisé le *cahier des charges fonctionnel* quantifiant les prestations attendues pour chaque système et chaque fonction.

— Le véhicule est découpé en 24 groupes de fonctions principales : suspension, direction, planche de bord, habillage, etc.

— Réalisation de plusieurs prototypes numériques.

— Réalisation de prototypes physiques.

— Construction des outillages.

Le développement a été réalisé en moins de 30 mois, entre le gel du design et l'accord de commercialisation.

21. L'ANALYSE FONCTIONNELLE EN INFORMATIQUE

La qualité d'un logiciel est divisée en deux parties :

1. la qualité spécifiée,
2. la qualité du produit.

Il s'agit, dans le premier cas, de déceler les besoins de l'utilisateur, de définir les contraintes et les degrés de liberté et de caractériser les réponses.

La qualité du produit est représentée par la qualité de la réponse, c'est-à-dire la conformité du produit par rapport au besoin de l'utilisateur.

Cette différence est fondamentale puisque la qualité du produit est visible a posteriori par des tests et essais alors que la qualité spécifiée est construite et vérifiée en amont.

Le soin apporté à l'établissement du cahier des charges est déterminant. Il y a quelques années le temps passé à la conception représentait environ 15 à 20 %, le codage et les tests 30 à 40 % et l'intégration et la validation entre 40 et 55 %. Ces proportions ont évolué et actuellement il est prouvé qu'il faut passer plus de temps à la conception pour diminuer ultérieurement le temps à passer pour la maintenance :

— conception préliminaire : 40 %,

— conception détaillée : 20 %,

— codage, test et validation : 40 %.

Souvent en raison d'une insuffisance de conception les dépenses de maintenance, c'est-à-dire de mise au point, représentent plus de 60 % du coût total d'un système. Faut-il continuer à dire : « Passons rapidement sur le cahier des charges pour nous garder du temps pour les tests » ? Certainement pas !

Cette opinion coûte cher. Elle procure de nombreux échanges entre les concepteurs et les utilisateurs avec pour corollaire l'augmentation des délais et des coûts de maintenance.

1. LES OBJECTIFS

« Il vaut mieux avoir de bonnes questions que des réponses toutes faites. » Cette réflexion qui se fonde sur l'expérience montre tout l'intérêt d'être vigilant au moment où se posent les problèmes. Une vigilance éclairée par la réflexion préalable à la recherche des solutions est à la base de toute étude. Les études entreprises dans le domaine informatique de gestion n'échappent pas à cette règle ; elles débutent par la définition des objectifs.

L'influence de la phase « entrée », dans la trilogie : Entrée, Traitement, Sortie, est décisive. Dans tout projet d'organisation il est indispensable de préciser les objectifs avant de se lancer dans l'action.

Il existe d'excellentes raisons d'appliquer ce principe à une étude informatique. Cette sorte d'étude est généralement coûteuse et il est par ailleurs souhaitable que les analystes soient guidés dans leurs travaux. Les possibilités d'un ordinateur sont tellement variées que l'absence d'objectifs peut conduire à une dispersion d'efforts et à des dépenses inutiles.

Parmi les objectifs généraux les plus courants figurent :

- réduction du personnel dans les services gérés par l'informatique,
- réduction du capital immobilisé par les stocks,
- amélioration des délais de production par l'optimisation du planning d'emploi des moyens de production et du personnel,
- réduction des coûts de revient,
- diminution des coûts d'exploitation des informations,
- amélioration du service clients,
- tenue de statistiques,
- exploitation des statistiques,
- synthèse des informations nécessaires à la direction d'un programme,
- application des techniques mathématiques aux liaisons logiques,
- simulation des scénarios, par l'étude de l'influence de certains paramètres,

- comparaison de l'intérêt de plusieurs solutions pour faciliter la prise de décision,
- etc.

Les objectifs préalables à une étude informatique doivent figurer sur une fiche-programme, établie par le comité des directions concernées. En milieu informatique, cette fiche-programme est intitulée schéma directeur.

Les critères d'évaluation de la tenue des objectifs de coût et de délai doivent être réalistes. Si ces derniers sont atteints trop facilement, on peut estimer que l'on aurait pu faire mieux. Si les objectifs ne sont pas atteints, malgré tous les efforts du personnel impliqué dans l'étude, le doute est permis sur leur bon choix ou leur bon niveau.

Les objectifs doivent également concerner les grandes options stratégiques et préciser les invariants.

2. L'ORGANISATION

Le type d'organisation qui convient à l'élaboration d'un système informatique dépend de la structure de l'entreprise mais les structures les plus efficaces sont généralement basées sur les principes décrits ci-après.

- Mise en place d'un comité de direction ou comité de pilotage groupant les responsables de tous les services de l'entreprise concernés par le système informatique. Ce comité peut fixer les objectifs généraux et établir la fiche-programme.
- Il peut également déterminer le budget d'étude et le planning de réalisation.
- Ce comité peut siéger à intervalles réguliers pour être tenu au courant de l'état d'avancement de l'étude et prendre les décisions nécessaires.
- L'étude du système informatique est confiée à un groupe de travail constitué des représentants des services concernés, des spécialistes des études générales informatiques, sous la conduite d'un animateur appelé, dans ce domaine, chef de projet.
- Dans certains cas l'entreprise estimera préférable de faire exécuter complètement l'étude par un cabinet extérieur. Dans ce cas le comité de direction conserve tout son intérêt pour la fiche-programme, le contrôle de l'avancement de l'étude et la prise des décisions de principe.

Que le groupe de travail soit interne ou externe à l'entreprise, le rôle du comité de direction est sensiblement le même.

3. L'ANALYSE FONCTIONNELLE

Dans le domaine informatique l'analyse fonctionnelle désigne quelquefois un groupement de plusieurs phases de l'étude, exemple : la pré-étude, la conception générale, la conception détaillée. Le dossier qui en résulte s'intitule dossier d'analyse fonctionnelle (DAF) Il s'ensuit une petite confusion entre l'expression du besoin et l'étude des solutions qui sont amorcées lors de la conception générale et détaillée.

Il serait souhaitable que la séparation existe nettement entre l'expression fonctionnelle du besoin et les solutions proprement dites, et pour cela, il suffirait de diviser les phases d'étude comme figuré sur le tableau suivant.

PHASES DE L'ANALYSE FONCTIONNELLE

Phase	*Responsable*	*Validation*	*Décision*	*Document*
Définition des objectifs	Comité de Direction (ou de pilotage)	Direction générale	Direction générale	Fiche-programme
Information pré-étude	Groupe de travail	Utilisateurs	Comité de direction	Dossier de pré-étude
Analyse fonctionnelle	Chef de projet Groupe travail	Comité de direction Utilisateurs	Comité de direction	Cahier des charges fonctionnel
Conception générale	Groupe travail Études générales	Utilisateurs	Comité de direction	Dossier étude
Conception détaillée	Groupe travail Études informatiques	Utilisateurs Exploitation	Comité de direction	Dossier étude
Réalisation informatique	Études informatiques	Utilisteurs Exploitation Maintenance	Comité de direction	Dossier de réalisation

- La pré-étude a pour but de définir le domaine de l'étude, de faire une analyse de l'existant, de réunir toutes les informations nécessaires à l'étude.
- L'analyse fonctionnelle doit rechercher toutes les fonctions qui doivent être satisfaites par le système.

- La conception générale définit et analyse certains projets appelés scénarios sur le sous-ensemble représentatif.
- La conception détaillée étudie le scénario retenu sur le domaine complet.

Certaines phases peuvent faire l'objet de commentaires.

- La phase de conception détaillée peut être effectuée dans le cas de projets ne nécessitant pas de validation avant la fin de la conception, ni de dossier préalable destiné au comité de direction, ni d'analyse de scénario.
- Pour d'autres projets, la pré-étude, l'analyse fonctionnelle et la conception générale peuvent être groupées en une seule phase.
- L'ensemble des phases se justifie surtout pour les projets complexes ou ceux dont le domaine est suffisamment vaste.
- Il y a toutefois intérêt à ce que la phase d'analyse fonctionnelle soit bien identifiée et, dans tous les cas, le cahier des charges fonctionnel doit être établi et validé par les utilisateurs et le comité de direction.

L'analyse fonctionnelle en informatique est généralement basée sur l'étude de l'existant. La méthode « Merise » préconise de procéder à des interviews auprès des responsables des services concernés par le nouveau système informatique. Chaque interview compte généralement quatre phases.

1. **La préparation**
   - Identification des interlocuteurs concernés.
   - Rappel des objectifs.
2. **La conduite**
   - Questions et commentaires basés sur l'approche classique
3. **Le compte rendu**
4. **La validation**
   - Examen, accord ou observations des principaux utilisateurs.

Les interviews concernent un large éventail de la hiérarchie. Elles ont un aspect descriptif de l'organisation existante et permettent de recueillir les critiques. Elles participent à la phase d'information qui sera suivie par l'analyse fonctionnelle.

Cette dernière pourra servir de base à l'aménagement de l'organisation existante même si le nouveau projet est abandonné. À l'exception de l'étude des « efforts », la méthode Réseau peut être appliquée à l'analyse fonctionnelle d'un système informatique. L'expression fonctionnelle du besoin, exprimée d'une façon claire et précise par la désignation complète des fonctions, de leur niveau et leur flexibilité est facilement compréhensible par tous.

Le cahier des charges fonctionnel n'utilise pas le vocabulaire technique relevant de solutions informatiques, tels que : identifiants, cardinalités, polysèmes, concaténation, relations transitives, algorithmisation, etc. L'utilisation du langage courant facilite l'examen du CdCF par les utilisateurs chargés de le valider. Ils prennent conscience immédiatement de la bonne prise en compte de leurs besoins sans se préoccuper des solutions techniques qui ont été adoptées par les spécialistes de l'informatique.

4. L'ANALYSE FONCTIONNELLE DES SYSTÈMES EXPERTS

Les systèmes à base de connaissances (SBC), ou systèmes experts, constituent des retombées importantes de l'intelligence artificielle. Au même titre qu'un logiciel conventionnel, un SBC doit correspondre à un besoin défini le plus précisément possible. Le succès de son utilisation dépend de la bonne adéquation homme-machine. Un système techniquement inadapté arrivant dans un environnement humain favorable et bien préparé ne tardera pas à rebuter les utilisateurs les mieux intentionnés.

Les connaissances qui constituent la base de tels systèmes sont quelquefois incomplètes ou peu cohérentes. D'autre part un SBC s'intègre obligatoirement dans un ensemble de base de données ou documentaires, logiciels classiques et autres réseaux.

La répartition des fonctions entre un SBC et les autres composantes logicielles n'est pas toujours facile. Lors de la pré-étude, il y a lieu de définir précisément le cadre de la mission du SBC et les systèmes environnants. L'étude de cet environnement et la définition des objectifs précis seront à la base de l'analyse fonctionnelle.

Le cahier des charges fonctionnel précisera les besoins et sera à la base de la recherche des solutions. Il pourra être complété en cours ou à la fin de la conception préliminaire par la synthèse des connaissances recueillies.

5. L'INFORMATIQUE AU SERVICE DE L'ANALYSE FONCTIONNELLE

L'informatique est omniprésente et rend des services que personne ne soupçonnait il y a encore une décennie. En matière d'analyse fonctionnelle, certains logiciels offrent la possibilité, à une personne débutante, de comprendre les principes de la méthode et de l'expérimenter avec des outils d'analyse basiques. L'AFAV distribue le logiciel « CdCF-Produit » élaboré par TDC.

Dans le contexte de l'étude réelle d'un produit, il serait dangereux de réaliser une analyse fonctionnelle seul devant son ordinateur en utilisant ce genre de logiciel, surtout si l'on a l'impression de pouvoir répondre à toutes les questions alors que l'on ne dispose en fait que d'une petite partie des réponses.

Comme indiqué précédemment, l'analyse fonctionnelle est avant tout le résultat d'un travail de groupe pluridisciplinaire où chaque membre apporte sa compétence. Il s'ensuit forcément des discussions entre les participants et l'animateur est obligé quelquefois de les faire voter pour départager les avis, notamment au moment où l'on doit hiérarchiser les fonctions.

D'autre part, au moment de la phase « analyse d'un produit de référence », il est utile de comparer des produits existants appartenant souvent à la concurrence. Si les produits sont peu encombrants, cette opération se fait dans la salle de réunion et nécessite la présence du groupe.

Citons également le tracé d'un graphe de produit ou la construction d'un FAST, qu'il est très difficile de faire seul en raison des hésitations et de la perte de temps qui en découle.

Certaines phases de l'analyse fonctionnelle pourraient être réalisées à l'aide de l'informatique mais en prenant le risque d'une efficacité insuffisante, même dans le cas d'une installation en réseau ou d'une configuration en visioconférence.

Par contre, le rapporteur d'une réunion de travail « analyse fonctionnelle » qui se sert d'un ordinateur portable et qui prend note de la construction du CdCF, ainsi que des autres points importants de la réunion, est tout à fait bénéfique. À la fin de la réunion, il suffit d'imprimer le résultat et de le remettre à chacun.

22. LES PROLONGEMENTS DE L'ANALYSE FONCTIONNELLE

L'analyse fonctionnelle n'est pas une fin en soi mais une étape dans le processus de conception ou de reconception d'un produit.

L'apport des méthodes de conception est primordial dans le management d'un projet. Les méthodes les plus performantes incorporent l'analyse fonctionnelle dans leur plan de travail, c'est notamment le cas de l'analyse de la valeur.

L'analyse fonctionnelle et le cahier des charges fonctionnel qui en est l'aboutissement sont en quelque sorte le tronc commun de ces méthodes.

L'existence de ce tronc commun présente un intérêt considérable pour les donneurs d'ordre comme pour les fournisseurs.

Pour ne pas empiéter sur les nombreux ouvrages traitant des méthodes évoquées, ce chapitre est volontairement succinct.

Il se borne à marquer les relations qui existent entre l'analyse fonctionnelle et quelques méthodes qui l'utilisent.

La plupart procèdent de la même logique :

— Volonté de la direction de vouloir améliorer la situation.

— Création d'un groupe de travail pluridisciplinaire.

— Analyse et expression du besoin.

— Information.

— Traduction du besoin en termes de fonctions à l'aide de *l'analyse fonctionnelle.*

— Recherche des solutions à l'aide des méthodes adaptées au problème à traiter.

— Évaluation des propositions et choix

— Mise en application et suivi.

De nouvelles méthodes de management de projet apparaissent périodiquement et notre propos n'est pas d'en faire l'inventaire. En plus des méthodes examinées ci-après il existe de nouvelles démarches telles que le knowledge management, l'e-procurement, etc.

Pratiquement toutes ont besoin d'utiliser *l'analyse fonctionnelle* et il est fort probable que les méthodes futures en auront également besoin. Il est difficilement concevable qu'une méthode propose de rechercher des solutions avant d'avoir posé le problème, or le meilleur moyen de poser un problème est de l'exprimer sous la forme de fonctions à satisfaire. Si une méthode ne comprend pas *l'analyse fonctionnelle* dans son plan de travail, c'est qu'elle peut encore s'améliorer.

Nous examinerons les quelques méthodes suivantes :

1. *L'analyse de la valeur*
2. *La conception pour un coût objectif*
3. *La conception pour le coût global*
4. *L'assurance de la qualité en conception*
5. *Les études de fiabilité*
6. *La méthode AMDEC*
7. *La méthode RELIASEP*
8. *La méthode SADT*
9. *La méthode SART*
10. *La méthode GRAFCET*
11. *La méthode PETRI*
12. *La méthode QFD*
13. *La normalisation*
14. *Le Benchmarking*
15. *L'ingénierie concourante*
16. *Le reengineering*
17. *L'innovation*
18. *Le value management*

Cette liste n'est pas limitative. Il existe bien d'autres démarches qui utilisent l'analyse fonctionnelle avec succès sans pour cela se voir attribuer le nom de méthodes.

1. L'ANALYSE DE LA VALEUR

C'est la méthode qui a donné naissance à l'analyse fonctionnelle car celle-ci représente une des phases principales de son plan de travail imaginé par Laurence Miles aux États-Unis. La définition de l'analyse de la valeur peut se résumer comme suit : « L'analyse de la valeur est une méthode de compétitivité organisée et créative visant à la satisfaction complète du besoin de l'utilisateur d'un produit, procédé ou service, par une démarche spécifique de conception ou de reconception, à la fois fonctionnelle, économique et pluridisciplinaire. »

Le mot *valeur* a suscité bien des débats lors de l'apparition de la méthode en France. Associée pour certains uniquement à la notion de coût, l'analyse de la valeur a été considérée longtemps comme une méthode de réduction des coûts.

Aujourd'hui, la réputation de la méthode a nettement évolué. Son efficacité est reconnue dans le domaine de la conception de nouveaux produits afin de réaliser la meilleure adéquation entre la qualité et le coût.

En réalité, le mot *valeur* représente, pour l'entreprise, le rapport *qualité/coût*, et pour l'acheteur le meilleur rapport *qualité/prix*.

L'analyse de la valeur est basée sur le travail d'un groupe pluridisciplinaire, dont le nombre de participants est compris entre 5 et 10 personnes, agissant sous la conduite d'un animateur et respectant le plan de travail suivant :

1. Orientation de l'action.
2. Information.
3. *Analyse fonctionnelle.*
4. Recherche des solutions.
5. Évaluation et choix.
6. Décision d'application.
7. Suivi et bilan définitif.

Les points essentiels de chacune des phases sont les suivants.

1. Orientation de l'action

C'est la phase initiale qui définit les objectifs et les limites de l'étude : objectifs de qualité, coût, délai, ainsi que le budget et le planning de l'opération. La fiche-programme est le document qui récapitule les objectifs et les grandes options choisies par le décideur.

2. Recherche de l'information

Il ne saurait être question de commencer une étude sans être en possession de toutes les informations nécessaires. Les membres du groupe sont mis à contribution, chacun dans son domaine détenant une partie de l'information. Celle-ci intéresse tous les domaines concernés : commercial, technique, social, maintenance, délais et bien entendu les coûts de toutes natures avec leur décomposition.

3. Analyse fonctionnelle

C'est à ce stade que le besoin est traduit sous la forme de fonctions qui sont identifiées, correctement formulées, hiérarchisées, ordonnées, caractérisées, valorisées. Cette analyse est à la base du cahier des charges fonctionnel.

4. Recherche des solutions

On peut considérer que les trois premières phases du plan de travail ont été préparatoires à la recherche des solutions. C'est au cours de cette phase que sont utilisées les méthodes de créativité qui favorisent la recherche des solutions viables.

5. Étude et évaluation des solutions

De la phase précédente résultent généralement quelques idées de solutions jugées possibles. Il faut alors en évaluer la faisabilité par un avant-projet, évaluer leurs coûts et leur niveau de qualité. La difficulté consiste à étudier le minimum suffisant de chaque solution permettant toutefois de donner assez d'éléments pour juger du niveau technique et des coûts.

6. Bilan prévisionnel et proposition de choix

La solution choisie par le groupe est présentée au décideur avec les justificatifs nécessaires : recommandations de mise en œuvre, niveaux estimés de chaque critère, estimation des coûts, liste des avantages et des inconvénients, les conditions de délai, approvisionnements, etc.

7. Suivi de la réalisation

Après accord du décideur, les services opérationnels de l'entreprise sont chargés de la mise en application. L'animateur du groupe en effectue le suivi afin de vérifier si des écarts apparaissent entre les prévisions et la réalisation. Il rend compte au décideur des anomalies éventuelles et suggère des actions correctives.

2. LA CONCEPTION POUR UN COÛT OBJECTIF (CCO)

Cette méthode a été imaginée par le Département de la Défense américain, le DOD, et baptisée *Design To Cost*. La CCO est une méthode de gestion de programme permettant de guider la conception et la réalisation d'un produit nouveau afin de respecter un objectif de coût de production.

Le coût est considéré comme une performance à atteindre au même titre que les performances techniques. Pour obtenir ce résultat, il est admis que certaines performances soient diminuées. La CCO repose sur les bases fondamentales suivantes :

— formation du personnel à l'analyse de la valeur et au concept CCO,
— évaluation des bases du programme et notamment des coûts prévisionnels, dont le coût objectif (coût unitaire de production),
— responsabilité des délais, des performances et des coûts assurée par un directeur de programme,
— décomposition des travaux par tâches,
— éclatement du coût objectif en fonction du nombre de tâches,
— organisation des études en groupes opérationnels,
— *analyse fonctionnelle*,
— études basées sur l'optimisation performances/coûts,
— organisation de la production pour le contrôle des dépenses et le respect du coût objectif.

La CCO peut se pratiquer dans un cadre contractuel. Dans ce cas, le client donneur d'ordre et l'industriel fournisseur sont liés par contrat pour ce qui concerne le respect de l'objectif de coût. Le contrat peut prévoir des primes pour le respect des objectifs et des pénalités dans le cas contraire. La CCO peut par ailleurs être pratiquée dans un contexte libre, c'est-à-dire pour le seul bénéfice de l'industriel en dehors de tout contrat de fourniture.

La pratique de la CCO suppose que l'on dispose de suffisamment d'informations permettant le chiffrage prévisionnel des solutions tout au long de l'étude, de la phase projet au dossier de définition. La création et l'exploitation de bases de données de coût, analogiques, paramétriques et analytiques est indispensable.

3. LA CONCEPTION POUR LE COÛT GLOBAL (CCG)

Prolongement de la CCO, la conception pour le coût global prend, comme son nom l'indique, le coût global comme objectif, à la place du coût unitaire de production.

Le coût global, en anglais le *life cycle cost*, est représenté par la somme des coûts suivants :

— coût d'achat,
— coût d'utilisation,
— coût de maintenance.

Certains clients-utilisateurs sont très sensibles au coût global d'un produit. L'industriel a quelquefois intérêt à proposer au client un produit peut-être un peu plus cher à l'achat mais moins coûteux en utilisation et en maintenance.

La définition de l'objectif de qualité dépend de l'objectif du coût global. L'*analyse fonctionnelle*, notamment au niveau des fonctions relatives aux conditions d'utilisation du produit, doit tenir compte, si possible, des informations recueillies chez le client-utilisateur. Le plan de travail de la CCG est le même que celui de la CCO. L'*analyse fonctionnelle* conserve une place prépondérente dans le processus de conception.

Sur une proposition de l'AFAV (Association française pour l'analyse de la valeur), une variante de l'intitulé des méthodes CCO et CCG élargit le champ des objectifs sans en modifier la méthodologie. Il s'agit de *conception à objectif désigné* (COD).

L'objectif peut concerner le délai, la qualité, le coût ou tout autre but à atteindre pour satisfaire le donneur d'ordres, le client ou l'entreprise. N'oublions pas toutefois qu'il existe beaucoup de démarches pour satisfaire ces divers objectifs, et que la CCO et CCG restent les méthodes privilégiées pour ce qui concerne les coûts.

4. L'ASSURANCE DE LA QUALITÉ EN CONCEPTION

De manière préventive ou prédictive, les dispositions à prendre pour maîtriser la qualité en conception consistent à s'assurer que les choix du concepteur correspondent aux besoins des utilisateurs et aux intérêts de l'entreprise.

Il est essentiel que le concepteur dispose des données nécessaires pour effectuer les choix techniques appropriés. Les écarts entre les besoins des utilisateurs et les performances obtenues réellement sont très lourds de conséquences lorsqu'ils sont produits tôt et détectés tardivement. Les corrections sont généralement onéreuses et elles retardent le programme. La conduite efficace d'un programme d'étude nécessite que :

— les besoins soient spécifiés le plus complètement possible et traduits sous la forme de fonctions résultant d'une *analyse fonctionnelle*,

— les données concernant les moyens et les techniques disponibles soient connues,

— les choix techniques soient justifiés par rapport à ce qui précède,

— le respect d'un programme d'étude tenant compte de l'enchaînement des tâches soit effectif durant les phases classiques : besoins, faisabilité, projet, études.

Parmi les moyens à mettre en œuvre pour l'assurance de la qualité en conception figurent :

— le plan qualité correspondant au produit à étudier,
— les revues de conception,
— retour d'expérience,
— exploitation des écarts ou des non-conformités,
— méthode de mesure de la qualité,
— plan de qualification des fournitures, moyens, procédés, produits,
— formation du personnel,
— qualification et certification du personnel.

La norme AFNOR X 50127 : recommandations pour obtenir et assurer la qualité en conception, indique l'ensemble des mesures à prendre durant la phase de conception. *L'analyse fonctionnelle* y figure en premier rang.

5. LES ÉTUDES DE FIABILITÉ

La fiabilité est une composante essentielle de la qualité qui fait intervenir le temps et les conditions d'usage. Les études de fiabilité peuvent être effectuées lors de la conception d'un produit, elles sont alors prévisionnelles. Elles doivent s'appuyer sur l'expérience et être confirmées par l'aptitude à la satisfaction du besoin.

Les calculs de fiabilité peuvent concerner un composant d'un système ou le système complet. La principale mesure de la fiabilité s'exprime par le *taux de défaillance* correspondant au nombre de défaillances par composant et par unité de temps.

Une autre mesure concerne le temps moyen qui sépare deux défaillances ; c'est la moyenne des temps de bon fonctionnement, plus connue sous l'abréviation *MTBF* qui est l'inverse du taux de défaillance.

En résumé, la fiabilité d'un produit est la probabilité de fonctionner pendant une période donnée dans des conditions définies. Il est bien évident que les conditions d'utilisation sont liées aux possibilités fonctionnelles du produit et par conséquent une étude de fiabilité serait illusoire si l'*analyse fonctionnelle* du produit et le CdCF qui en résulte n'existaient pas.

Des notions complémentaires interviennent également dans les études de fiabilité, il s'agit de la *maintenabilité* et de la *disponibilité.*

Un exemple de l'organisation d'une étude de fiabilité de système est indiqué sur la figure 19 extraite de la revue *Qualité-Espace* (n° 9) du CNES, qui montre la position amont de l'*analyse fonctionnelle* et du cahier des charges fonctionnel.

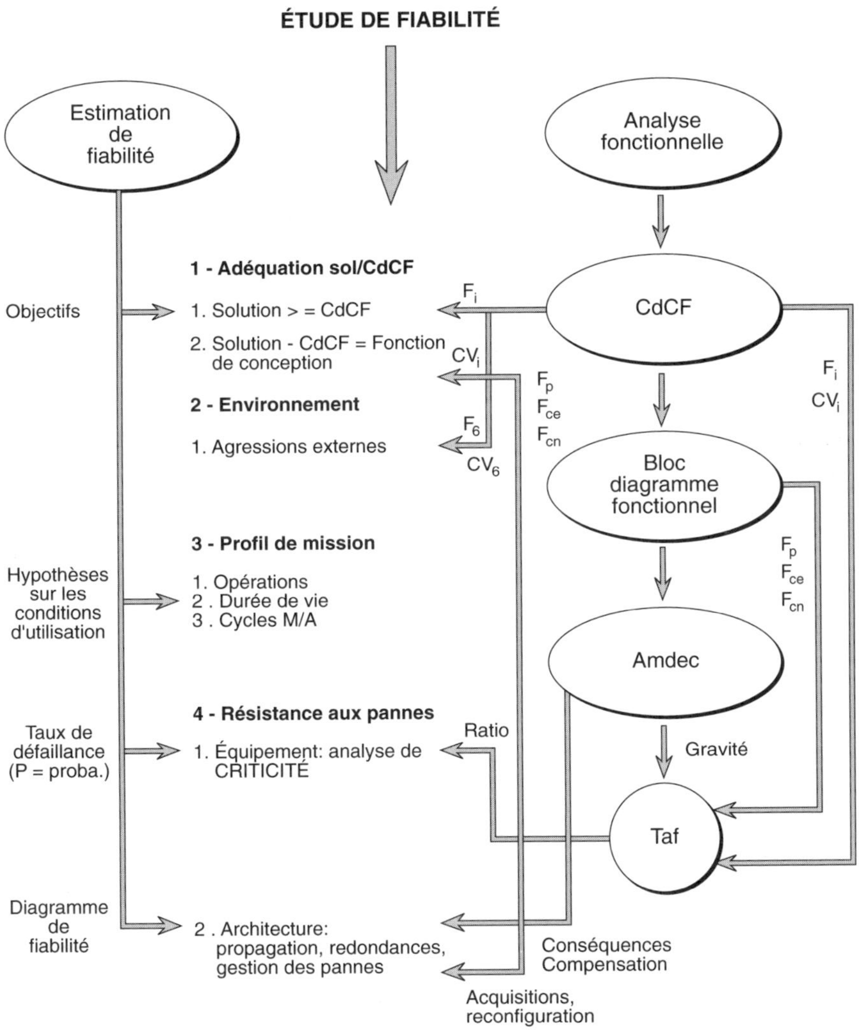

CdCF : Cahier des Charges Fonctionnel
BdF : Bloc diagramme Fonctionnel
AMDEC : Analyse des Modes de Défaillance de leurs Effets et de leurs Criticité
TAF : Tableau d'Analyse Fonctionnel

Figure 19 – Étude de fiabilité de système

6. LA MÉTHODE AMDEC (Analyse des modes de défaillance, de leurs effets et de leur criticité)

Cette méthode d'analyse de système concerne particulièrement l'étude des causes et des effets des défaillances, dans le cadre du concept « sûreté de fonctionnement ». Il s'agit d'évaluer les effets de chaque mode de défaillance des composants d'un système et les répercussions de ces défaillances sur les différentes fonctions du système. L'application de la méthode se déroule en six phases.

1. Initialisation

— Choisir le sujet de l'étude et définir les objectifs.
— Déterminer les limites de l'action.
— Constituer un groupe de travail pluridisciplinaire.

2. Analyse fonctionnelle externe et interne

— Déterminer les fonctions à satisfaire.
— Choisir les critères, leurs niveaux et leur flexibilité (CdCF).

3. Analyser le mode potentiel de défaillance

Dans l'hypothèse de non-satisfaction d'une fonction, rechercher quels sont les composants en cause et leur mode potentiel de défaillance.

4. Évaluation

— Évaluer l'indice de *gravité*, c'est-à-dire le niveau de conséquence pour l'utilisateur.
— Évaluer l'indice de *fréquence* représentant la probabilité que la cause se produise et qu'elle entraîne le mode de défaillance.
— Évaluer l'*effet potentiel* de la défaillance, exprimé en termes de conséquence pour l'utilisateur.
— Chercher les *causes* potentielles de défaillance.
— Évaluer la *criticité* en calculant, pour chaque cause, l'indice de priorité de risque.
— Détecter ce qui est *prévu* pour *empêcher* la défaillance.

5. Suivi

Analyser et chercher les nouvelles solutions jusqu'à disparition de l'indice de priorité de risque (IPR).

6. Vérification

Vérifier l'application des mesures correctives et leurs délais.

La méthode AMDEC est quelquefois associée à l'approche QFD (*Quality Function Deployment*) qui s'appuie sur l'identification des attentes du client et la recherche des relations entre celles-ci et leur satisfaction en cherchant des réponses aux questions : *quoi ? comment ?*

7. LA MÉTHODE RELIASEP

L'objectif de cette méthode est de faciliter les études de sûreté de fonctionnement dans les différentes phases de vie d'un produit, en déterminant avec précision le besoin à satisfaire, à décrire comment il est satisfait et à analyser comment il peut ne pas être satisfait.

Le plan de travail se décompose comme suit :

- Expression fonctionnelle du besoin (analyse fonctionnelle externe) en respectant la fiche-programme qui définit le cadre d'une mission dans un environnement déterminé ainsi que les options stratégiques et les contraintes à respecter.
- Construction de l'arbre fonctionnel, genre de diagramme FAST qui prend en compte les données d'entrée, leur transformation et les données de sortie qui en résultent.
- Établissement du graphe de produit (architecture du produit qui se superpose à l'arbre fonctionnel).
- Analyse fonctionnelle interne (fonctions des constituants du produit).
- Analyse des modes de défaillance par la méthode AMDEC.

Pour utiliser cette méthode il est nécessaire de connaître la composition complète du produit à étudier et de bien posséder les méthodes d'analyse fonctionnelle.

8. LA MÉTHODE SADT (*Structured Analysis Design Technique*)

La particularité de cette méthode est de s'intéresser aux processus. Elle gère la transformation de données d'entrée à travers un processus de traitement qui aboutit à des données de sortie. Cela peut concerner des processus industriels ou des processus administratifs.

Le plan de travail est le suivant.

- Caractériser le genre de flux à considérer par l'analyse (fonctions, informations, matériel).
- Modéliser le processus :

- Décrire et formaliser chaque étape.
- Chercher l'amélioration du processus en étudiant diverses solutions nouvelles.

Une analyse fonctionnelle externe est préalablement nécessaire.

9. LA MÉTHODE SART (*Structured Analysis for Real Time*)

Cette méthode est basée sur la logique suivante : pour analyser un système il est nécessaire de construire un modèle qui permette de se poser les bonnes questions.

Le plan de travail est le suivant :

- Définir le sujet de l'étude et son contexte.
- Chercher les informations et les valider.
- Lister les fonctions et les caractériser.
- Modéliser le système en utilisant les outils suivants :
  — Diagrammes de flots de données (DFD)
  — Langage naturel structuré
- Dictionnaire de données (DD)

Les premières applications de cette démarche étaient naturellement statiques, l'extension de la démarche a permis de modéliser un système évoluant dans le temps. Cette extension est intitulée *modèle de contrôle* et complète le *modèle de processus.*

Chaque événement venant influencer le processus fait partie du *flot de contrôle*, cela peut être un événement qui marque la fin d'une phase du processus et qui déclenche la suivante. La technique de représentation graphique est celle des automates à états finis.

Cette dernière partie de la méthode s'applique à des processus de gestion dynamiques. Cette méthode nécessite une analyse fonctionnelle externe préalable.

10. LA MÉTHODE GRAFCET

La méthode a pour but de décrire le fonctionnement séquentiel des systèmes automatisés à partir des fonctions à réaliser. Elle utilise une expression graphique basée sur une décomposition à trois niveaux : les étapes et les actions associées, les transitions et les réceptivités, les liaisons orientées.

Le graphe peut être utilisé selon trois perceptions :

— L'utilisateur, en tenant compte des fonctions de service.
— Le procédé, à partir des opérations à réaliser décrites dans un ordre séquentiel.
— L'automatisation, qui décrit les ordres et les informations qui en résultent.

Le GRAFCET est souvent utilisé dans les langages de programmation des automates programmables. L'emploi de cette méthode nécessite une analyse fonctionnelle externe préalable.

11. LA MÉTHODE PETRI

Du nom de son concepteur, la méthode consiste à modéliser un système afin de valider son analyse fonctionnelle préalable.

Le graphe qui en résulte peut représenter le fonctionnement d'un système soumis à des processus parallèles, asynchrones et concurrents. Le graphe, intitulé également *réseau de Petri*, est composé de deux parties dont les deux origines sont appelées places et transition.

Un *réseau de Petri marqué* résulte de l'attribution de *jetons* dans les places. Les évolutions de la répartition des jetons sont étudiées afin de définir des règles d'évolution. La validation du modèle et des états du système est réalisée par le calcul des propriétés du réseau de Pétri. Il peut en résulter l'analyse des états dégradés et des états catastrophiques.

La méthode est utilisée dans le domaine des logiciels, pour piloter certains ateliers de fabrication, pour définir certains protocoles de communication.

12. LA MÉTHODE QFD (*Quality Function Deployment*)

Cette méthode propose, à partir du besoin, de cheminer à travers 17 étapes pour étudier tout le processus nécessaire au déroulement du projet : de la prise de commande jusqu'à la livraison du produit.

1. Identifier les clients
2. Hiérarchiser les clients
3. Identifier les sources d'information
4. Hiérarchiser les sources
5. Interroger les sources
6. Hiérarchiser les besoins par sources
7. Hiérarchiser les besoins exprimés
8. Analyser les fonctions externes
9. Compléter l'analyse avec les fonctions relatives aux besoins implicites
10. Ajouter les contraintes de l'entreprise
11. Ajouter les degrés d'innovation souhaités
12. Ajouter les caractéristiques d'image
13. Hiérarchiser les points figurants sur les lignes 9-10-11-12
14. Renseigner le graphe « Maison de QFD »
15. Ajouter les nominales et les tolérances sur les fonctions
16. Analyser la concurrence
17. Étudier la faisabilité

Des diagrammes matriciels permettent de récapituler les informations résultantes de toutes les étapes. L'enchaînement de la cascade des diagrammes permet de visualiser le déploiement de la qualité demandée.

Les notions de qualité, technologie, coût et fiabilité sont gérées et pilotées au cours du déroulement du projet. Un projet important peut conduire à des matrices monstrueuses et « ingérables ». Cette difficulté peut être atténuée par une bonne décomposition du projet.

La méthode n'indique pas comment réaliser l'analyse fonctionnelle.

13. LA NORMALISATION

◆ *Standardisation ou normalisation ?*

Il y a encore quelques années, la normalisation était confondue avec la standardisation dont le but principal est de favoriser l'interchangeabilité. La normalisation a apporté la preuve qu'elle dépassait nettement cette préoccupation pour s'étendre aux technologies de pointe et devenir un élément vital de la conception des produits nouveaux.

L'aptitude à l'emploi, la sécurité, la longévité des produits sont garantis par des normes dans presque tous les secteurs industriels. En plus des normes spécifiant des dimensions, des caractéristiques physiques, mécaniques ou biologiques, il en existe qui s'appliquent aux méthodes, à la qualité, à la fiabilité ou à des règles de définition d'un cahier des charges.

Chaque année 1 000 normes nouvelles ou revues viennent enrichir une collection de plus de 13 000 documents normatifs, élaborés sous la responsabilité de l'AFNOR.

◆ *Application*

La plupart des normes ne sont pas d'application obligatoire, à l'exception d'environ 300 d'entre elles touchant à la sécurité des produits.

Les pouvoirs publics considèrent la normalisation comme un outil de compétitivité des produits basé sur le dialogue et le consensus, les normes étant établies en concertation avec les différents partenaires socio-économiques concernés.

La normalisation joue également un rôle documentaire en mettant à la disposition des industriels ou des utilisateurs une somme de connaissances irremplaçables.

Le client-consommateur est favorablement influencé par des produits bénéficiant de la marque NF, notamment pour les biens de consommation ou d'équipement domestique. Cette distinction est attribuée à la demande des constructeurs, après des essais réalisés en laboratoire, sur les chaînes de fabrication et sur les lieux de vente.

L'AFNOR participe activement aux travaux internationaux de normalisation, entre autres de l'ISO qui regroupe 140 pays et auteur de 13 000 normes internationales. Une grande partie des normes françaises est en accord avec les normes internationales.

◆ *Les normes fonctionnelles*

Une nouvelle tendance est amorcée dans l'élaboration des normes depuis la création du cahier des charges fonctionnel ; en effet, l'élaboration d'une norme débute par l'identification du besoin et de son analyse.

Tout repose sur la formulation de ce besoin, sur laquelle vont s'appuyer les membres du groupe de normalisation. Si le besoin est mal traduit, il y a de fortes chances pour que la norme ne réponde pas tout à fait à l'attente des utilisateurs. Au contraire, en utilisant la démarche proposée dans cet ouvrage, le besoin, traduit en fonctions principales et complémentaires, est alors pris en considération en tenant compte des constructeurs et des utilisateurs. La norme devient ainsi une base de créativité permettant l'ouverture à un certain nombre de solutions valables.

Si un besoin d'interchangeabilité a été identifié, l'aspect dimensionnel de la norme donnera les précisions utiles, mais seulement si cela s'avère nécessaire. Le reproche qui a pu être fait à certaines normes, de bloquer la créativité en figeant des solutions techniquement périmées, n'a plus lieu d'être dans ces conditions.

Le premier document à établir avant de commencer à élaborer une norme est le cahier des charges fonctionnel. C'est à partir de lui que le travail normatif se réalisera dans les meilleures conditions et que les normes deviendront, encore mieux, un moyen efficace de la maîtrise de la qualité.

14. LE *BENCHMARKING*

Ce terme anglo-saxon désigne une méthode d'analyse dont la définition peut être résumée en trois phrases :
— Analyser ses propres processus.
— Comparer les résultats entre plusieurs établissements, avec les meilleurs de sa corporation et en dehors de sa corporation, dans son pays ou à l'étranger.
— Agir pour dépasser les meilleurs.

Certains seraient tentés d'appeler cela de l'espionnage industriel, pourquoi pas ?

Il faut noter au passage que si tel était le cas cette méthode n'apporterait pas grand chose de nouveau. Mais elle aborde les problèmes avec une approche fonctionnelle qui fait son originalité.

Le plan de travail se décompose en quatre phases principales : planification, analyse, intégration, action. L'analyse peut être dirigée dans plusieurs directions :

- Vers l'entreprise elle-même, afin d'analyser les fonctions internes qui seront comparées ultérieurement avec d'autres entreprises du même secteur d'activité, c'est le *benchmarking interne* ou *benchmarking fonctionnel.*

- Vers des entreprises d'autres secteurs d'activité afin de comparer leurs fonctions internes à celles de l'entreprise qui réalise l'étude, c'est le *benchmarking générique*.
- Vers les entreprises concurrentes dans le même secteur d'activité, si possible les mieux placées sur le marché. Il est évident que les renseignements sont moins faciles à obtenir, il s'agit du *benchmarking de concurrence* désigné également *benchmarking externe*.

L'analyse fonctionnelle est un apport non négligeable pour la bonne pratique de cette méthode.

15. L'INGÉNIERIE CONCOURANTE

L'approche fonctionnelle de la gestion de projet est illustrée dans les méthodes de gestion de projets comme l'ingénierie concourante.

Le développement de l'ingénierie concourante est associé à la démarche plus générale du soutien logistique assisté par ordinateur CALS (*Computer Aided Logistic Support*) devenu depuis quelques années *Continuous Acquisition and Life Cycle Support*. Le mot « continuous » signifie que le développement ne doit pas être séquentiel mais continu par une démarche parallèle de tous les services impliqués dans le programme.

Le principal objectif de la démarche qualité au sein de l'ingénierie concourante est de diminuer au mieux l'écart qui pourrait exister entre le besoin réel et les solutions proposées pour le satisfaire.

Le travail d'un groupe pluridisciplinaire est à la base de la démarche de développement. En plus des questions de définition du produit proprement dite, il prend en compte les problèmes de fabrication, d'exploitation, de maintenance.

La spécificité de l'ingénierie concourante est de développer simultanément produit et process. Les principaux fournisseurs sont invités à collaborer aux études dans un cadre de partenariat. Il est admis que la fiche programme, le cahier des charges fonctionnel et la spécification technique de besoin sont validés par l'ensemble des partenaires. Dans le domaine de l'armement le soutien logistique est intégré à la conception des produits par l'ingénierie concourante.

L'ingénierie concourante s'apparente à la démarche de conception pour un coût objectif (CCO) ou la conception à objectif désigné (COD), décrite dans le chapitre 22. Les bénéfices sont identiques : gain sur les délais, sur la qualité, sur les coûts, sur le nombre de modifications ultérieures à la définition validée, etc.

Ces concepts méthodologiques reposent sur le travail de groupes pluridisciplinaires où la phase amont de l'étude prend en compte les besoins, les fonctions et les contraintes exprimés sur les CdCF.

16. LE REENGINEERING

Du benchmarking au reengineering il n'y a qu'un pas puisque le second peut être considéré, en quelque sorte, comme la mise en pratique des résultats du premier.

Le reengineering, désigné en abrégé par BPR (*Business Process Reengineering*) s'applique aux processus de l'entreprise ou à ses produits et s'inspire largement de la méthodologie de l'analyse de la valeur.

L'étude est engagée par un groupe de pilotage qui procède de la façon suivante :

— Recensement des principaux problèmes rencontrés dans les processus de l'entreprise.
— Comment le BPR peut-il améliorer la situation ?
— Étude des répercussions du BPR sur l'organisation et les hommes.
— Établissement du projet de BPR.

Après l'engagement de la direction pour commencer une action BPR, une analyse stratégique est conduite pour cibler les sujets d'étude et définir des indicateurs de performance. L'étape suivante consiste à choisir les processus ou les produits concernés en évaluant les opportunités et les risques encourus si la situation reste en l'état.

Trois principaux types de processus sont examinés :

— *Organisationnels* ; concernant l'environnement de l'entreprise : clients, fournisseurs, sous-traitants, distributeurs, etc.
— *Fonctionnels* ; à l'intérieur de l'entreprise : achats, approvisionnements, fabrication, stockage, etc.
— *Ressources humaines*, répartition du personnel au sein de chaque fonction de l'entreprise.

Chaque processus concerné par l'étude fait l'objet d'un examen critique et d'un diagnostic. Parmi les points examinés, figurent notamment :

— Les dysfonctionnements de toute nature.
— Le coût de la non-qualité.
— Les goulots d'étranglement.
— Les opérations ou les séquences inutiles ou redondantes qui ne concourent pas à l'état fini du « produit ».

— La cohérence des différents systèmes d'information utilisés pour le processus.
— Le non-respect des délais.

L'étude consistera à améliorer le processus existant ou à en concevoir un nouveau en effectuant le recensement des technologies de l'information et des autres moyens qui peuvent contribuer aux améliorations souhaitées : logiciels, réseaux, applications, etc.

17. L'INNOVATION

Comme chacun le sait, l'innovation est l'aboutissement de la créativité. Elle est devenue absolument indispensable au développement des entreprises. Une entreprise qui n'innove pas est en recul par rapport aux autres.

Encore une fois, les hommes sont au centre du processus de l'innovation. Certains ont beaucoup d'imagination et sont favorisés dans un contexte de créativité. D'autres sont moins imaginatifs mais possèdent d'autres atouts bénéfiques à un groupe de travail de créativité. Car le groupe est, encore une fois, l'unité opérationnelle de la créativité.

La réussite d'un projet innovant est tributaire de trois conditions :
— les facteurs environnants,
— le personnel engagé dans le processus de créativité,
— l'efficacité de la conduite du projet.

Vis-à-vis de l'innovation, la stratégie de l'entreprise peut aller dans deux directions :
— devenir le leader de la profession et faire tout pour le rester,
— décider d'être le suiveur des meilleurs pour ne pas essuyer les plâtres et limiter les dépenses.

Chaque position a ses avantages et ses inconvénients que nous n'avons pas la place de traiter ici. Dans le premier cas, il faut déployer beaucoup d'efforts pour réussir. Dans le second, la créativité et l'innovation sont à un degré moindre, c'est donc le premier cas qui va nous intéresser car il nécessite l'emploi d'une méthodologie plus complète.

Au moment du lancement d'un projet innovant, il existe deux possibilités :
— créer un nouveau besoin à l'aide d'une innovation (souvent technologique),
— satisfaire un besoin existant par des solutions innovantes.

La démarche de créativité débute presque toujours par l'analyse du besoin, puis la validation de ce besoin à l'aide de l'analyse des risques :

— Quels sont les éléments qui peuvent influencer le besoin, à la limite le faire disparaître ?
— Quelle en est la probabilité et à quelle échéance cela peut-il se produire ?

Les réponses à ces questions sont apportées à l'aide de matrices de décision.

Le besoin étant validé, il est nécessaire de l'exprimer sous la forme de fonctions à l'aide de l'analyse fonctionnelle. Les fonctions sont assorties de leurs caractéristiques et récapitulées sur le CdCF.

Pour faciliter la recherche d'idées nouvelles, l'application de certaines méthodes de créativité est souvent bénéfique, telle que le « brainstorming combinatoire » qui représente une nette amélioration du brainstorming classique. Les idées qui en résultent sont évaluées, chiffrées, testées. Le nouveau produit fait quelquefois l'objet d'un prototype qui est testé, modifié, validé, ou au contraire qui met en évidence la nécessité d'abandonner le projet.

Un produit est rarement complètement nouveau. Plus fréquemment il possède un pourcentage de nouveauté par rapport à un produit existant et la qualification de produit « nouveau » est souvent usurpée.

Dans le contexte de mondialisation, les innovations sont nombreuses et se succèdent à un rythme de plus en plus rapide. Les entreprises les plus performantes sont celles qui anticipent les besoins et sont capables de les préciser par l'analyse fonctionnelle. Si la définition des objectifs est bonne, le produit innovant qui résulte du processus de créativité a toutes les chances de réussir.

18. LE VALUE MANAGEMENT

Dans certains secteurs industriels, la pratique de l'analyse de la valeur (AV), a fait l'objet depuis quelques années d'une systématisation concernant toutes les activités d'une entreprise. L'analyse de la valeur devient ainsi une véritable méthode globale de gestion intitulée *Value Management* ou *management par la valeur.*

L'objectif du management par la valeur consiste à optimiser les résultats d'un programme déterminé, mais il concerne également les différentes activités d'une entreprise : études, achats, approvisionnements, gestion, production, après-vente etc., afin d'obtenir la meilleure efficacité et la meilleure valeur.

Dans le management par la valeur, le terme « valeur » est synonyme de la satisfaction du besoin et du coût ainsi que de la fiabilité, du délai, de la disponibilité des ressources, etc. (extrait de la norme EN 1325-1, Vocabulaire)

Le management par la valeur peut être conçu comme une démarche systématique, il est alors possible de définir des objectifs annuels d'amélioration des résultats, concernant certains secteurs de l'entreprise.

Le plan de travail de l'analyse de la valeur sert de base à la démarche du management par la valeur. Le groupe de travail est composé selon la nature du sujet à étudier, les outils méthodologiques utilisés sont ceux l'analyse de la valeur ou des méthodes associées. L'analyse fonctionnelle reste de toute façon incontournable.

Cette démarche a fait l'objet d'une norme européenne, EN 12973, qui propose un guide méthodologique dont voici quelques extraits :

« Le management par la valeur est un style de management destiné à motiver les individus, à développer leurs compétences et à promouvoir les synergies et l'innovation, avec pour objectif de maximiser la performance globale d'un organisme. »

« Un programme de management par la valeur est un ensemble d'activités planifiées et structurées permettant la mise en œuvre, le développement et le maintien d'une politique durable de management par la valeur. »

« L'état d'esprit qui en résulte encourage les innovations et la synergie des individus travaillant en groupe et aboutit à une meilleure utilisation des ressources pour atteindre les objectifs de l'organisme. »

L'Association Française pour l'Analyse de la Valeur (AFAV) en assure la promotion et gère en France la certification européenne en management par la valeur.

CONCLUSION

À la fin de l'étude d'un produit nouveau menée à bien en appliquant les méthodes figurant dans cet ouvrage, le responsable de l'entreprise, qui avait suivi attentivement le déroulement des opérations, s'est adressé au groupe de travail en ces termes :

« Jusqu'à maintenant, chaque fois que l'on développe un nouveau produit, les budgets d'étude et de développement sont dépassés, la mise au point du prototype est laborieuse et les délais sont coulés. Il n'est plus possible de continuer à travailler comme ça. Nous venons de voir que l'analyse fonctionnelle pouvait nous apporter beaucoup. À partir de maintenant, je ne veux plus que l'on développe un produit sans utiliser cette méthode ».

Tous les produits, quels qu'ils soient, peuvent bénéficier de l'analyse fonctionnelle afin d'être mieux conçus et ainsi améliorer leur niveau de qualité.

La créativité et l'innovation jouent un rôle essentiel dans l'évolution industrielle, mais les nouveaux produits qui en résultent doivent offrir toujours plus de satisfaction à l'utilisateur, c'est-à-dire correspondre au plus près à ses besoins ou ses désirs.

Certaines entreprises en difficulté pensent redresser leur situation financière en faisant des économies de tous ordres et confondent les économies utiles avec les économies nocives. Réduire les frais généraux doit aller dans le bon sens. Réduire les dépenses d'étude est proprement suicidaire.

Il faut une prise de conscience du danger de ces fausses économies. Diminuer le temps d'étude conduit souvent à diminuer la qualité de conception qui touche en premier lieu la qualité fonctionnelle. Faire une analyse fonctionnelle intuitive et hâtive condamne le produit d'une façon irrémédiable.

Faire une analyse fonctionnelle méthodique, à caractère exhaustif, donne au produit un niveau de qualité fonctionnelle le plaçant dans le peloton de tête de sa catégorie. L'analyse fonctionnelle permet de mieux définir le besoin, de mieux adapter le produit au besoin, de ne rien oublier au moment de la conception, de diminuer les modifications de mise au point.

Nous ne répéterons jamais assez que la conception engendre 75 % de la qualité et du coût du produit. Donner des crédits supplémentaires aux études ne doit se faire que dans le mesure où ils sont bien employés. Ces crédits seraient inutiles si le personnel n'était pas préparé, formé, entraîné à l'application des méthodes que nous avons évoquées.

La formation du personnel est nécessaire. Elle peut se faire dans des organismes extérieurs à l'entreprise, elle peut également être le fruit d'une formation interne assurée par un consultant dont la compétence est reconnue. Celui-ci pourra former le personnel, conduire une première étude d'analyse fonctionnelle et ensuite passer la relève à un animateur de l'entreprise.

Les quelques exemples de produits mal conçus, relevés au début de cet ouvrage, pourraient être malheureusement plus nombreux. Nous sommes littéralement environnés de cette catégorie de produits que l'on achète une fois, mais une fois seulement, et que l'on ne recommande à personne en raison des insatisfactions rencontrées à l'usage.

J'ai souvent entendu dire par des personnes dépitées d'un achat malheureux : « Les ingénieurs ne se mettent pas à notre place, nous les utilisateurs, sinon ils concevraient les produits autrement. »

Concevoir les produits *autrement* ! C'est exactement ce que nous proposons grâce aux méthodes indiquées dans cet ouvrage. Le changement va s'accélérer au détriment de ceux qui sont enracinés dans des structures et des habitudes dépassées. Chercher l'amélioration des résultats de l'entreprise signifie faire l'effort de se maintenir au niveau de la compétition.

Faire mieux demande de mettre en place une politique volontariste pour appliquer les nouvelles méthodes de conception afin d'améliorer la qualité et de maîtriser les coûts.

L'adage que les navigateurs connaissent bien : « Il n'y a pas de bon vent pour celui qui n'a pas de cap », prend ici toute sa signification. L'analyse fonctionnelle est le meilleur moyen d'indiquer le cap d'un projet et il serait bien imprudent de s'en passer.

Nous souhaitons que ce modeste ouvrage apporte une contribution à une plus grande satisfaction des utilisateurs par l'amélioration de la qualité fonctionnelle des produits, avec pour corollaire l'élargissement des parts de marché, le renforcement de nos entreprises et de l'emploi.

RÉSUMÉ

L'analyse fonctionnelle permet d'obtenir :

1. la connaissance précise des besoins à satisfaire,
2. la clarification des objectifs techniques et économiques,
3. la synergie du travail de groupe,
4. le développement du potentiel personnel,
5. l'utilisation d'un langage commun,
6. la combinaison de la rigueur et de la créativité,
7. l'emploi de méthodes de raisonnement spécifiques,
8. le suivi d'un chemin balisé conduisant au résultat attendu,
9. le dépouillement des habitudes et du confort des solutions connues,
10. la création d'un état d'esprit valorisant,
11. la chasse à l'inutile et au superflu,
12. l'assurance de la qualité en conception,
13. la prise des décisions en connaissance de cause,
14. l'accroissement de la compétitivité des produits,
15. la satisfaction des clients et la rentabilité des programmes.

BIBLIOGRAPHIE

— AFAV, *Exprimer le besoin.* Application de la démarche fonctionnelle, Afnor, 1998.

— AFAV, *Qualité en conception. La rencontre besoin-produit-ressources*, Afnor, 1997.

— Anvar, *L'Analyse de la valeur, méthode de l'innovation*, Anvar, 1986.

— J. Ballieu, C. Boulet, *L'Analyse de la valeur*, Afnor, coll « À savoir », 2002.

— S. Bellut, AFAV, *La Compétitivité par la maîtrise de coûts* : *Conception à coût objectif et Analyse de la valeur*, Afnor, 1996.

— C. Bénard, *Le Cahier des charges d'une application informatique*, Éditions d'Organisation, 1990.

— J.-B. Boussières, *Aide à l'élaboration du cahier des charges fonctionnel*, Afnor, 2001.

— J. Chevallier, *Produit et Analyse de la valeur*, Cépadues Éditions, 1994.

— J. Lachnitt, *L'Analyse de la valeur*, 3e éd., PUF, coll. « Que sais-je ? », 1994.

— Groupe de coordination pour la construction de la qualité, *Analyse fonctionnelle et compétitivité dans les marchés publics*, Journal officiel, 1993.

— C. Petitdemange, *Conduire un projet avec le management par la valeur*, Afnor, coll. « À savoir », 2001.

— R. Tassinari, *Réussir votre analyse fonctionnelle*, Afnor, coll. « À savoir », 2002.

— *Value management handbook*, Commission des communautés européennes, 1999 (ISBN 92-826-9333-4).

045338 - (I) - (1,8) - OSB100° - CP2 - MER

Imprimerie Nouvelle
45800 Saint-Jean de Braye
N° d'Imprimeur : 403573E
Dépôt légal : janvier 2003

Imprimé en France